Johannes Vogler
Von der Rüstungsfirma zum volkseigenen Betrieb

Biographische Quellen
zur deutschen Geschichte
nach 1945

Herausgegeben im Auftrag des Instituts für Zeitgeschichte
und in Verbindung mit dem Bundesarchiv
von Wolfgang Benz

Band 12

R. Oldenbourg Verlag München 1992

Johannes Vogler

Von der Rüstungsfirma zum volkseigenen Betrieb

Aufzeichnungen eines Unternehmers der Sowjetischen Besatzungszone Deutschlands von 1945 – 1948

Herausgegeben von
Burghard Ciesla

R. Oldenbourg Verlag München 1992

CIP-Titelaufnahme der Deutschen Bibliothek

Vogler, Johannes
Von der Rüstungsfirma zum volkseigenen Betrieb :
Aufzeichnungen eines Unternehmers der Sowjetischen Besatzungszone
Deutschlands von 1945 – 1948 / Johannes Vogler. Hrsg. von Burghard Ciesla. –
München : Oldenbourg, 1992
(Biographische Quellen zur deutschen Geschichte nach 1945 ; Bd. 12)
ISBN 3-486-55935-4
NE: GT

Umschlaggestaltung: Dieter Vollendorf, München
Satz: Falkner GmbH, Inning/Ammersee
Gesamtherstellung: R. Oldenbourg Graphische Betriebe GmbH, München

ISBN 3-486-55935-4

Inhalt

Vorwort des Herausgebers

I.

Die Aufzeichnungen Johannes Voglers setzen in der Reihe der Biographischen Quellen zur deutschen Geschichte nach 1945 die Quellenveröffentlichung über die Wirtschaft im Nachkriegsdeutschland fort. Mit dem hier vorliegenden Band wird erstmals die Wirtschaft der Sowjetischen Besatzungszone (SBZ) unter dem Blickwinkel eines einzelnen Unternehmens näher beleuchtet.

Bei dem Unternehmen handelt es sich um die zwischen 1946 und 1948 privat geführten Mechanischen Werkstätten Freital (MWF) mit Sitz im sächsischen Freital, unweit von Dresden. Der Gründer und Inhaber des Betriebes war Johannes Vogler.

Die Belegschaft, Produktionsausrüstungen und Gebäude der MWF gehörten vorher zur Freitaler-Stahl-Industrie (FSI). Die FSI selbst fiel aufgrund ihres Charakters eines Rüstungsbetriebs während des Krieges unter die sowjetische Demontage. Dadurch war die gleich nach Kriegsende in der FSI selbst vorgenommene Produktionsumstellung auf eine Lokomotiven- und Waggonreparatur grundsätzlich in Frage gestellt. Erst die Gründung der MWF im August 1946 ermöglichte die Fortführung der Reparaturarbeiten und vor allem der Sicherung der Arbeitsplätze. Gerade die Arbeitsplatzsicherung war wichtig, da das im Januar 1946 in der SBZ eingeführte System der Lebensmittelrationierung die Arbeitsfähigen zur Ausübung einer Tätigkeit drängte. Nur ein Arbeitsplatz sicherte auch den Erhalt einer Lebensmittelkarte. In seinen Aufzeichnungen schildert Johannes Vogler in knappen Worten, wie die MWF unter dem ständigen Druck der Demontage und des Abbruchs der FSI einen Neubeginn versuchten.

Das Tagebuch, das eigentlich mehr ein Merkbuch über die Ereignisse zwischen Februar 1946 und Oktober 1948 ist, zeigt anschaulich, unter welchen Bedingungen sich der Wiederaufbau in der SBZ vollzog. So bestätigte sich in den Aufzeichnungen die allgemeine These, daß die sowjetische Demontagepraxis oft recht willkürlich und von großen Härten gekennzeichnet war. Für die MWF stellte sich gleich nach ihrer Gründung im Sommer 1946 das Grundproblem, daß die Sowjetische Militäradministration (SMAD) das gesamte Gelände der FSI – einschließlich der MWF – sprengen wollte. Die Tagebuchaufzeichnungen spiegeln das ständige Hin und Her der Behördeninstanzen in dieser Frage. Die widersprüchlichen Beziehungen zwischen den einzelnen Befehlsebenen der SMAD sowie innerhalb der sächsischen Landesverwaltung erwecken hierbei den Eindruck, daß die eine Hand nicht wußte was die andere gerade tat oder beabsichtigte. Es schien außerdem auf deutscher Seite ein Interesse daran zu bestehen, die

MWF dem Abbruch zu überlassen. Für die Beschäftigten des Unternehmens bedeutete diese Situation eine große psychologische Belastungsprobe. Letztendlich leistete die Betriebsleitung der MWF am 20. Januar 1947 gegen die Demontage offenen Widerstand. Dieser Protest bedeutete nicht, daß von seiten der MWF das Recht der sowjetischen Besatzungsmacht auf Demontage der FSI bestritten wurde. Vielmehr richtete sich der Protest gegen die Verschleppungspraxis durch die Behörden und die unberechenbare sowjetische Vorgehensweise in dieser Beziehung. Prinzipiell verdeutlicht der Protest der MWF, daß es in der Ostzone schon sehr früh zu offenem Widerstand gegen die Demontage kam. In den Westzonen wird dagegen von offenem Widerstand in bezug auf die Demontagen erst Anfang 1949 berichtet.

Die Handlungsweise der sowjetischen Besatzungsbehörden war – auch bedingt durch den Stalinismus – von einem rigorosen Befehlssystem bestimmt. Allgemein verfestigte sich dadurch in der Bevölkerung das Gefühl des Mißtrauens und der Angst. Drakonische Strafen und Inhaftierungen ohne Angaben von Gründen standen auf der Tagesordnung. Bei einem Gang zu den Besatzungsbehörden mußte stets mit allem gerechnet werden. Hier schien sich eine Kontinuität der Verfahrensweise des Dritten Reiches zu zeigen, zumindest schien es den Betroffenen so. Aus diesen Gründen unterblieben die Tagebucheintragungen zwischen Oktober 1945 und Februar 1946, da die Gefahr der Denunziation und Verhaftung bestand. Johannes Vogler erklärte hierzu, daß er erleben mußte, wie Personen von der Straße weg zu Demontagen eingesetzt wurden und erst nach Jahren wieder in Erscheinung traten. Aus diesem Grund ist im Tagebuch das „Ich“ des Autors ausgeblendet. Im Text ist vom Verfasser immer nur als „Herr Vogler“ die Rede, häufig wird auch das kollektive „Wir“ und „Unser“ verwandt. Die distanzierte Berichtsperspektive im Tagebuch diente vor allem dem Zweck, daß sich der Autor bei möglichen Schwierigkeiten mit den sowjetischen Besatzungsbehörden verteidigen konnte und er jederzeit in der Lage dazu war, über seine Tätigkeit als Chef der MWF Rechenschaft abzulegen. Johannes Vogler schrieb das Tagebuch also nicht für sich, wie es für ein Tagebuch eigentlich der Fall ist, sondern für andere Personen – zur Absicherung.

Die Aufzeichnungen Johannes Voglers sind eine Sozial- und Erfahrungsgeschichte der Aufbaugeneration der SBZ und späteren DDR. Das Tagebuch enthält eine Reihe von Eintragungen über das Alltagsleben; der Leser erhält so Einblick in das Mobilitätsverhalten, die Ernährungssituation, die Witterungsverhältnisse (Winter 1946/47), die allgemeinen Versorgungsbedingungen, die Stimmungslage, Arbeitskräftesituation, Geschäftsbeziehungen und vieles andere mehr. Dadurch wird ein sehr detailliertes Bild über die soziale und wirtschaftliche Mikroebene der SBZ vermittelt, d.h. die Anfangsphase des „roten Wirtschaftswunders“ wird an einem ganz konkreten Beispiel nachvollziehbar.

Von Interesse ist das Tagebuch auch unter dem Aspekt des Unternehmertums. Unter dem Begriff „Unternehmer" ist im Tagebuch aber nicht der selbständige Besitzer mit vorrangigen Gewinnabsichten, der Großaktionär oder der von einer Aktiengesellschaft angestellte Manager gemeint. Der Begriff „Unternehmer", wie er auch im Buchtitel geführt wird, ist im Sinne Joseph Schumpeters zu verstehen. Einer Person, die ein Werk schafft, vorantreibt und sich dabei von einer bestimmten Idee - z.B. einer Innovation - leiten läßt.

Ganz grob zeigt ein Vergleich des Unternehmertums in den Besatzungszonen Deutschlands, daß die Wirtschaftselite in den Westzonen weitestgehend von einer personellen Veränderung in der Führungsebene nach dem Zweiten Weltkrieg nicht betroffen war. Dagegen vollzog sich in der SBZ ein genau entgegengesetzter Prozeß. Die alte Wirtschaftselite wurde radikal ausgewechselt oder sie wanderte in die Westzonen ab. Neue Führungskräfte ersetzten die alten. Ein Teil dieser neuen Führungskräfte versuchte zu Anfang - sofern sie nicht unter kommunistischem Einfluß standen - ein ähnliches Wiederaufbaukonzept voranzutreiben, wie es die Unternehmer in Westdeutschland verfolgten. Dieses Konzept bestand im wesentlichen in der Wiederingangsetzung der Wirtschaft, sowie in der Umstrukturierung und Reorganisation der überlieferten deutschen Industriestrukturen. Eine solche Herangehensweise an den Wiederaufbau der Wirtschaft wurde jedoch in der SBZ weitestgehend verhindert, da die SMAD im Vergleich zu den westlichen Besatzungsmächten einen harten Reparationskurs verfolgte und zum anderen in der SBZ das sowjetische Wirtschaftsmodell mehr und mehr bestimmend wurde. Der Wiederaufbau nach sowjetischem Vorbild bedeutete die Beseitigung eines großen Teils der existierenden kleinen und mittelgroßen Unternehmen. Die Mechanischen Werkstätten Freital sind ein Beispiel dafür, wie das Privateigentum und das freie Vertragsrecht in der SBZ bzw. DDR zunehmend zerbröckelt und ausgehöhlt wurden. Diese Entwicklung hatte später ganz allgemein die Minderung der Innovationsfähigkeit der Wirtschaft der DDR zur Folge.

Hervorzuheben ist im Falle der MWF die Improvisationsfähigkeit der Belegschaft, d.h. der Einfallsreichtum mit dem unter denkbar schlechtesten Bedingungen die Reparatur von Lokomotiven und Eisenbahnwaggons vorangetrieben wurde. Vom selbstgebauten Kran über den Bau einer eigenen Schmiede bis zur Neukonstruktion und Neuerrichtung eines 65-Kilogramm-Federhammers reicht die Palette der Selbsthilfe. Um notwendige finanzielle Mittel, Grundmaterialien und Zulieferprodukte zu erhalten, organisierten die MWF außerdem noch eine umfangreiche Nebenproduktion. Diese Ingenieurleistungen ohne fremde Hilfe und Flexibilität in der Produktionsgestaltung sind um so höher zu bewerten, wenn dabei berücksichtigt wird, daß die Belegschaft nicht über das notwendige Fachpersonal verfügte und sich selbst schulte. Das Beispiel der Mechanischen Werkstätten Freital läßt ahnen, welches innovative Potential mit der weiteren Verstaatlichung und Zentralisation der Wirtschaft ungenutzt blieb.

II.

Der Geburtsort Johannes Voglers ist Pirna-Copitz bei Dresden in Sachsen. Die Eintragung in das Geburtsregister erfolgte wenige Wochen vor dem Ausbruch des Ersten Weltkrieges. Als Geburtstag wird im Register der 17. Juni verzeichnet. Nach dem Besuch der Grund- und Gewerbeschule erlernte Vogler das Tischlerhandwerk. Sein besonderes Interesse gilt der Segelfliegerei. Die Ablegung der notwendigen Befähigungsnachweise für den Segelflug (1928) ermöglichen ihm später den Besuch der Fachschule für Segelflugzeug- und Leichtmotorensportflugzeugbau in Oschersleben. Er erhält dort den Befähigungsnachweis als Flugzeugbauer. Seine Motorflugzeugausbildung schließt er im Jahre 1936 ab. Die Berufsperspektiven sind damit in den 30er Jahren nicht schlecht, da die deutsche Flugzeugindustrie durch die Aufrüstung des NS-Regimes einen gewaltigen Aufschwung erfährt. Zuerst arbeitet Johannes Vogler als Kontrolleur in der Flugzeugproduktion, später als Bordmonteur und schließlich wird er in der Flugerprobung als Bordingenieur eingesetzt. Während der ersten Jahre des Zweiten Weltkrieges ist er weiter in der Flugerprobung tätig. Doch im Jahre 1941 verunglückt er bei einem Testflug und ist nach seiner Genesung nur noch bedingt kriegstauglich. In den folgenden Kriegsjahren arbeitet er wieder in der Flugzeugindustrie. Anfang 1944 wechselt Vogler von der Flugzeugindustrie in die Freitaler-Stahl-Industrie als Betriebsingenieur. In den letzten Kriegstagen wird er notgedrungen Soldat und kehrt kurz nach Kriegsende in die FSI nach Freital zurück. Die Sowjetische Militäradministration befiehlt ihn 1945 zum leitenden Ingenieur der Demontage in der FSI. Gleichzeitig wird er Treuhänder der Firma. Als Demontageingenieur kann er entscheidenden Einfluß auf das Tempo und die Zielrichtung der Demontagen nehmen. Vom August 1946 bis zum Oktober 1948 fungiert der Tagebuchautor als Inhaber der Mechanischen Werkstätten Freital. Nach der Verstaatlichung des Unternehmens blieb er im VEB LOWA MWF Werksleiter und Technischer Direktor. Ab 1954 übernahm Vogler die Leitung des VEB Lokomotivenreparatur Tharandt (Sachsen). Im gleichen Jahr wird die Flugzeugindustrie der DDR gegründet. Fachleute werden dringend gesucht. Im Jahre 1956 wechselt Vogler deshalb in die Flugzeugindustrie und ist damit wieder in seinem ursprünglichen Betätigungsfeld. Er arbeitet als Produktionsingenieur im Bereich Organisation und Überwachung des Flugbetriebes der Luftfahrtindustrie. Zwei Jahre später ist er Leiter der Abteilung Flugüberwachung im Ministerium für Verkehrswesen der DDR. Die Auflösung der Flugzeugindustrie im Jahre 1961 zwingt ihn wiederum zur Arbeitssuche. Beim Rat der Stadt Dresden nimmt er eine Stellung im Ressort Industrie an. Ab 1964 ist Vogler dann im Wirtschaftsrat des Bezirkes Dresden tätig. Dort befaßt er sich unter anderem mit Problemen der technischen Sicherheit in der Industrie und Fragen des Arbeits- und Brandschutzes in den ihm unterstellten Betrieben.

Seine Pensionierung erfolgte im Jahre 1979. Heute lebt Johannes Vogler mit seiner Frau in Dresden.

III.

Im Bundesarchiv Potsdam befinden sich im Bestand des Flick-Konzerns etwa zwanzig dünne Aktenhefter über die Vorgeschichte der MWF, d.h. über die Entwicklung der Freitaler-Stahl-Industrie G.m.b.H. bis 1945. Den Akten ist zu entnehmen, daß die Gründung der FSI am 19. Dezember 1939 in Freital erfolgte. Auf das Stammkapital der Firma (300000 RM) hatte die Sächsische Gußstahl-Werke Döhlen Aktiengesellschaft (SGW) – ein Tochterunternehmen des Flick-Konzerns – einen Stammeinlageanteil von etwa 98%. Noch am Tage der Firmengründung verkaufte der als Strohmann fungierende Rechtsanwalt Beda aus Dresden seinen Geschäftsanteil an die SGW. Der Eintrag in das Handelsregister des Amtsgerichtes Freital erfolgte am 6. Januar 1940.

Die erste Gesellschafterversammlung der Firma wurde am 9. Februar 1940 durchgeführt. Nach Absprache mit Flick und dem Ministerialrat Florey der damaligen sächsischen Landesregierung legte man auf dieser Versammlung die Zusammensetzung des Aufsichtsrates der FSI fest. Zum Aufsichtsrat gehörten der schon erwähnte Florey und der Staatsbankpräsident Nebelung aus Dresden sowie zwei Vertreter des Flick-Unternehmensblocks „Mittelstahl" aus Riesa.

Das Hauptproduktionsziel der FSI war bis zum Ende des Zweiten Weltkrieges die Herstellung von Panzer- und Sprenggranaten. Im Gesellschaftsvertrag vom Dezember 1939 wurde allerdings der Produktionsgegenstand noch mit der „Erzeugung und Verarbeitung von Gegenständen aus Stahl und anderen Metallen" umschrieben. Hintergrund für die Gründung der FSI war die Strategie des Flick-Konzerns in den 30er Jahren, mit Hilfe einer Anzahl neuer Werke die zu erwartenden großen Aufträge des Heereswaffenamtes zur Produktion von Bomben, Granaten, Geschützrohren und anderen Rüstungsgütern abdecken zu können. Bereits 1934 hatte sich Flick hierzu Aufträge gesichert. Während des Krieges wurde die FSI weiter ausgebaut und die Firma erzielte aus dem Rüstungsgeschäft beachtliche Umsatzsteigerungen und Dividendengewinne.

Die Produktionsentwicklung der FSI war beispielgebend für die Entwicklung der anderen Flick-Unternehmen während des Krieges. Zum Zeitpunkt 1943 hatte Friedrich Flick längst seinen großen Gegenspieler im Rüstungsgeschäft, Krupp, überholt. Der Flick-Konzern produzierte während des Krieges bald mehr Stahl, Kohle und Rüstungsgüter als der Essener Konzern. Das Vermögen Flicks dürfte im Jahre 1943 bei immerhin rund 9 Milliarden RM gelegen haben. Im gleichen Jahr hatte das Flick-Imperium eine Majorität über 132 Unternehmen mit einem Nominalkapital von rund 500 Millionen RM.

Die beachtliche Erweiterung der Produktionskapazitäten der Freitaler-Stahl-Industrie im Zeitraum 1941 bis 1943 hatte einen hohen Arbeitskräftebedarf zur Folge. So stieg die Zahl der Beschäftigten im Jahre 1943 im Vergleich zu 1942 um fast das achtfache an. Etwa 18% der Beschäftigten waren Frauen. Ein weiterer Beschäftigungsanstieg war aber aufgrund des totalen Krieges nicht mehr möglich. Auch der Versuch, den Arbeitskräftebedarf durch Kriegsgefangene und Zwangsarbeiter zu kompensieren, erwies sich als unzureichend. Der Ausbau der vollen Fertigungskapazität konnte infolge des Arbeitskräftemangels bis zum Kriegsende nicht mehr erreicht werden.

Neben deutschen Arbeitskräften kamen in der FSI vor allem Kriegsgefangene aus der UdSSR und Zwangsarbeiter aus Litauen, der Tschechoslowakei und Frankreich zum Einsatz. Das Alter der meisten zur Arbeit gezwungenen ausländischen Arbeiter betrug zwischen 20 und 25 Jahre. Der Anteil der ausländischen Rüstungsarbeiter an den Gesamtbeschäftigten machte etwa 40% aus. Der Anteil der Kriegsgefangenen an den Beschäftigten der FSI betrug ca. 25%.

Die letzten Kriegshandlungen im Frühjahr 1945 brachten die Rüstungsproduktion in der FSI zum Erliegen. Die Firma blieb weitestgehend unzerstört, d.h. die Ausgangsbedingungen für eine Friedensproduktion waren nicht ungünstig. Allerdings handelte es sich bei den Produktionsanlagen der FSI um einen Einzweckbetrieb für die Geschoßfertigung. Eine Produktionsumstellung war ohne weiteres nicht möglich. Doch schon im Juni 1945 begann man in der FSI mit der Reparatur von Eisenbahnwaggons.

Die Rüstungsausrichtung der Produktion in der FSI hatte – entsprechend dem Potsdamer Abkommen – unweigerlich die Demontage des Betriebes zur Folge. Die FSI kam auf die „Liste C." In dieser Liste wurden alle die Unternehmen erfaßt, bei denen sich die Besatzungsmacht die Klärung der Eigentumsfrage selbst vorbehielt. So wurde von der SMAD die treuhänderische Verwaltung der Firma verfügt. Die Wahl der SMAD fiel auf Johannes Vogler, da dieser u.a. von der Belegschaft für sein loyales Verhalten während der Kriegszeit und aufgrund seiner Fachkenntnisse geschätzt wurde. Ausschlaggebend war sicher auch, daß Vogler nicht Mitglied der NSDAP gewesen war.

Der dringende Bedarf der sowjetischen Besatzungsmacht an Eisenbahnwaggons und Lokomotiven für die Demontage- und Reparationszüge in die UdSSR hatte die insgesamt positive Wirkung, daß der Betrieb trotz laufender Demontage die Reparaturarbeiten fortsetzen konnte. Nach intensivem Drängen übergab die SMAD im Sommer 1946 einige Gebäude und Geländeabschnitte der FSI zum Zwecke der Weiterführung der Waggon- und Lokomotivenreparatur. Daraufhin wurden die Mechanischen Werkstätten Freital als privates Unternehmen von Johannes Vogler gegründet. Insbesondere sollte mit diesem Schritt erreicht werden, daß von nun ab eine formal-juristische Trennung zum Rüstungsunternehmen FSI bestand.

Die sowjetischen Besatzungsbehörden übersahen allerdings in Fragen der Demontage diesen feinen Unterschied meistens.

Ab 1947 wurden die Bestrebungen der sächsischen Landesregierung nach Verstaatlichung der MWF immer stärker. Doch solange die SMAD die Weiterexistenz der MWF immer wieder in Frage stellte bzw. eine klärende Entscheidung aufschob, waren die Absichten der deutschen Seite von nur geringer Bedeutung.

Am 23. Dezember 1947 entließ die SMAD die FSI und damit auch die MWF aus ihrer direkten Entscheidungsbefugnis. Nun zeigte sich aber, daß mit dem Wegfall der direkten Befehlshoheit der SMAD der Druck nach Verstaatlichung der MWF immer stärker wurde. Erschwerend kam hinzu, daß sich die neu herausbildenden Wirtschaftsstrukturen nach sowjetischem Vorbild immer zwingender bemerkbar machten. Zunehmend verschlechterten sich durch die Zentralisation die ohnehin schon ungenügenden Zulieferleistungen, die Materialsituation, die Flexibilität der Geschäftsbeziehungen und die Verfügbarkeit über notwendige finanzielle Mittel. Die Produktionsforderungen nach einem höheren Ausstoß von reparierten Waggons und Lokomotiven wurden dagegen immer drückender.

Im Sommer 1948 kam daher die Unternehmensleitung der MWF zur Auffassung, daß eine Verstaatlichung des Betriebes für die Weiterexistenz die beste Lösung sei. Zumal der Übergang in das Volkseigentum (Verstaatlichung) erklärtes Ziel der gesellschaftlichen und politischen Umwälzung in der sowjetischen Besatzungszone war.

Am 1. Oktober legte die Unternehmensleitung der MWF eine Abschluß- und Eröffnungsbilanz für die Verstaatlichung vor. Im November 1948 wurden die MWF in „Volkseigentum" überführt. Die neue Bezeichnung lautete: VEB LOWA MWF. Der neue Rechtsträger war nun die VVB LOWA mit Sitz in Wildau bei Berlin. Sämtliche Vermögenswerte der ehemaligen MWF, einschließlich Grund und Boden, gingen damit in das Eigentum der VVB LOWA/Wildau über. Damit erfolgte auch die offizielle Löschung der Firma FSI GmbH aus dem Handelsregister der Stadt Freital.

IV.

Die Originale der Tagebuchaufzeichnungen, der Dokumente und eine umfangreiche Sammlung von Fotos werden im „Haus der Heimat", dem Heimat- und Bergbaumuseum der Stadt Freital aufbewahrt. Das gesamte Tagebuch umfaßt Eintragungen der Jahre 1945 bis 1948. Die Aufzeichnungen beginnen mit dem 23. August 1945 und enden im Oktober 1948. Vom Oktober 1945 bis zum Februar 1946 erfolgten keine Eintragungen in das Tagebuch. Für die Zeit vom Oktober 1948 bis in die 50er Jahre hinein sind dem Tagebuch Schriftenwechsel, Dokumente, Berichte über das kulturelle Leben der Belegschaft und Zeitungsartikel beigefügt. Aufzeichnungen gibt es für diesen zuletzt genannten Zeitraum nicht. Gleichfalls sind Fotos der Belegschaft, der Fabrikanlagen sowie zu Produktionsabläufen und -erzeugnissen vorhanden.

Zur Veröffentlichung wurden dem Tagebuch die Aufzeichnungen vom Februar 1946 bis zum Oktober 1948 entnommen. Für die Zeit vom Mai 1945 bis zur Gründung der MWF wurde den Aufzeichnungen (Februar 1946 – August 1946) ein zeitgenössischer Bericht Johannes Voglers über die FSI vorangestellt. Die Tagebucheintragungen, die direkt die MWF betreffen – August 1946 bis Oktober 1948 – werden gleichfalls mit zwei zeitgenössischen Berichten eingeführt. Dem Manuskript sind die dazugehörigen Dokumente beigefügt worden. Auf die obengenannten anderen Tagebuchteile wurde aus Gründen der Verständlichkeit für den Leser verzichtet. So reflektieren die Eintragungen vom August 1945 bis zum Oktober 1945 viele technische Einzelheiten und Personen, die für den Leser keinen Zusammenhang ergeben.

Die Datierung der Eintragungen im Tagebuch beziehen sich entweder auf genaue Tagesangaben oder die Eintragungen umfassen Zeiträume. Innerhalb der Zeiträume sind die Eintragungen fast ausschließlich numerisch zugeordnet, ohne daß damit Tagesdatierungen innerhalb dieser Zeiträume gemeint sind.

Die Auswahl der Dokumente erfolgte nach zwei Gesichtspunkten. Das erste Kriterium war der direkte Bezug des Dokuments im Tagebuchtext. Der zweite Gesichtspunkt stellte die Verstaatlichung der MWF dar. So sollen die Dokumente 14, 17 und 18 auf die Veränderung der Rahmenbedingungen aufmerksam machen. Dabei sind die Dokumente 14 und 17 als Vergleich gedacht, d.h. die Betriebsordnung der MWF als privates Unternehmen und als volkseigener Betrieb. Das Dokument 18 zeigt die zunehmende Bürokratisierung nach der Verstaatlichung. Eine zeitgenössische Einschätzung der Person Voglers liegt mit dem Dokument 19 vor.

Die Rechtschreibung und Grammatik des Originals wurde bis auf offensichtliche orthographische Fehler nicht verändert. Die Urheberrechte des Tagebuches liegen bei Johannes Vogler.

Burghard Ciesla

Bericht von Johannes Vogler über die Entwicklung der Freitaler-Stahl-Industrie vom Mai 1945 bis zur Gründung der Mechanischen Werkstätten Freital im August 1946

Schon wenige Tage nach der Beendigung des letzten Krieges, scharten sich einige beherzte Männer der Freitaler Stahl-Industrie GmbH den größten Teil der bisherigen Belegschaft wieder um sich und versuchten diesen Leuten eine neue Arbeit zu geben.

Im Juni 1945 endlich gelang es den Herren Fickert, Vogler und Schenk, gemeinsam mit dem damaligen provisorischen Betriebsrat, die ersten Verhandlungen mit der Deutschen Reichsbahn aufzunehmen und eine Waggonreparatur ins Leben zu rufen. Noch waren keinerlei Fachleute zur Hand und trotz allem verließen schon in demselben Monat die ersten Waggons das Werk.

Inzwischen trat die Banksperre in der russisch besetzten Zone ein und das Unternehmen mußte sich mit den geringsten finanziellen Mitteln halten.

Eine russische Wirtschaftskommission verlangte von der Firma die Herstellung von Spezial-Tiefladewaggons, was jedoch trotz größter Mühe, nach monatelangem Bestrebtsein diesen Anforderungen gerecht zu werden, nicht gelang.

Große Mengen Gelder verschlang auch dieses Unternehmen.

Obwohl inzwischen der monatliche Ausstoß an Waggons schon 90 Stück betrug, war noch kein Plus im Finanzplan zu erkennen.

Allein nur der feste Glaube am Gelingen, half scheinbar Unmögliches zu erzwingen.

Aber schon traten Störungen in der Anlieferung von reparaturbedürftigen Waggons ein und es war an der Zeit, ein erweitertes Projekt zu planen.

So fuhren im September des gleichen Jahres die Herren Vogler und Linhart zum Reichsbahn-Ausbesserungswerk Chemnitz und besichtigten, noch als Laien, die Lokomotiv-Ausbesserungswerkstätten. Hiermit ward der Grundstein für die zukünftige Hauptproduktion gelegt.

Eine Differenz zwischen der Arbeiterschaft und der damaligen Direktion, schaffte einen grundsätzlichen Wandel der Geschäftsstruktur.

Die Direktion war der Meinung, daß auf Grund der finanziellen Lage des Werkes und der vorhandenen Unkosten, um wenigstens noch einige Zeit dieses erhalten zu können, 80% der Belegschaft entlassen werden müßten.

Demgegenüber standen die Vertreter der Arbeiterschaft mit ihrer moderneren Auffassung.

Mehr Aufträge, größere Leistung, sicherste Planung und größte Sparsamkeit.

Auf Grund dessen, wurde der Arbeiterschaft der Sinn unserer gemeinschaftlichen Arbeit auseinandergesetzt und der Erfolg war verblüffend.

Herr Fickert schied aus diesem Grund aus dem Werk aus.
So wurden bis Dezember 1945

350 Waggons schwerster Schadgruppen
26 Lokomotiven leichterer Schadgruppen
48 verbrannte Werkzeugmaschinen aufgearbeitet,
Holzbearbeitungswerkzeuge und Autoanhänger fertiggestellt
248 Aufträge in unserer mechanischen Werkstatt zum Wiederaufbau anderer Firmen erledigt.

Die Belegschaft betrug:

Ende Mai 1945	2900 Mann
Juni 1945	900
Juli 1945	300
August 1945	180
Dezember 1945	600

Die finanzielle Lage konnte als ausgeglichen bezeichnet werden.

In der vergangenen Zeit wurde zugleich an einer Umpflanzmaschine gearbeitet, deren Erfinder diese Fertigung möglichst bei uns unterbringen wollte.

Von den weiteren Entwicklungsarbeiten nahmen wir Abstand, da einige werksfremde Herren unter eigenem Firmen-Namen, nach Fertigstellung der ersten Maschinen, diese selbst weiterentwickeln wollten und wir nicht genügend Konzentration auf die Arbeit mehr legen konnten.

Ebenso gaben wir einem Herrn Kunze in unserem Werk die Möglichkeit, eine Steinholzplatten-Produktion zu planen. Jedoch konnte er seine Arbeiten, gemeinsam mit uns, nicht zum Ziele führen, da die Beschaffung von Zement als Grundlage, sich immer unmöglicher gestaltete.

Für diese Arbeiten und weitere Versuche, andere Grundstoffe zu finden, wurden ebenfalls beträchtliche Mittel zur Verfügung gestellt und liegen nun anteilmäßig in der, in Gründung befindlichen Bauplatten-Gesellschaft, verankert.

Mitte Dezember wurde das Werk erneut durch eine russische Demontage-Wirtschaftskommission besetzt und im Januar 1946 setzte die Demontage ein.

Die Demontage verlief reibungslos und alle Männer waren von dem gewohnten Aufbauwillen des Vorjahres beseelt dazu beizutragen, diese sobald als möglich zu beenden.

Leider hatten wir hierbei einen Unglücksfall mit tödlichem Ausgang.

Erst nachdem diese Demontage sich unvorhergesehen lange hinauszog, traten gewisse Zweifel am Wiederaufbau unserer Produktionsstätten unter der Belegschaft auf und es machte sich größte Disziplinlosigkeit unter den Leuten bemerkbar.

Inzwischen wurde der Plan zur Wiederaufnahme der Arbeit grundlegend festgelegt und versucht, mit den wenigen noch verbliebenen treuen Männern die Zügel festzuhalten und die später notwendigen Produktionskräfte irgendwie für die Arbeit zu begeistern.

Die finanziellen Mittel schmolzen wieder auf ein Minimum zusammen.

Herr Vogler, welcher die Demontage als technischer Leiter, als Hauptingenieur und später als Treuhänder leitete, versuchte neben seiner Hauptaufgabe, gemeinsam mit den Herren Richter (Betriebsratvorsitzender), Linhart, Heinz, Heinze, Hoffmann, Kegel, Keller, Ronneberger und Wüstner, bei deutschen und russischen Stellen immer wieder unermüdlich um die Erhaltung unserer Brotstelle vorzustoßen. Jedoch konnte in keinem Falle ein Erfolg erzielt werden.

Sehr bald erhielten wir dann die niederschmetternde Nachricht, daß uns untersagt sei, die bisherige und neue Produktionen weiter zu betreiben oder aufzunehmen.

Trotz dieses Verbotes und der Demontage, konnten wir 700 Waggons und weitere 2 Lokomotiven schwerster Schadgruppe reparieren.

Es gelang, aus privaten Mitteln, ausgebrannte Werkzeugmaschinen zu kaufen und für unsere kommende Produktion herzustellen sowie den Facharbeiterstand zu schaffen, der in der Lage ist, hochqualifizierte Lokausbesserungsarbeiten zu erledigen.

Im August 1946 wurde die Demontage beendet und nichts war uns geblieben.

Jedoch ein unbändiger Wille wieder neu zu beginnen, war geboren.

Aufzeichnungen vom 6. Februar 1946 bis zum 15. August 1946. Die erste Demontage der FSI

6. Februar 1946

1) Mittags 12 Uhr wurde Herr Ingenieur Vogler, der bisher im Werk seine Tätigkeit als techn. Leiter hatte, vor der gesamten Belegschaft durch den Betriebsrat Schenk, zum Treuhänder ernannt.

2) Herr Vogler erhielt bereits am Tage zuvor die schriftliche und mündliche Bestätigung durch Herrn Stadtrat Genau.

3) Um 16 Uhr fand eine Besprechung zwischen dem Betriebsrat und Herrn Vogler, über die Richtlinien betr. der Verwaltung während der Demontage und für den Neuaufbau, statt. Es wurde einheitlich anerkannt, daß jegliche Abteilungen oder Positionen, durch den Betrieb oder Vorgesetzte der Abteilung, kontrollierbar sein müssen.

7. Februar 1946

1) Kurze gemeinsame Aussprache zwischen den Abteilungsleitern der Verwaltung und Herrn Vogler über die zukünftige Zusammenarbeit.

2) Beginn der Demontage in der FSI.

8. Februar 1946

1) Freigabe der Knüppelschere für die Firma Thomas.
Es wurde besprochen, daß der Inhaber, Herr Wolf Roßwein einen Güterwagen nach hier leitet. Das Verladen und den Abtransport übernehmen jedoch wir.

9. Februar 1946

1) Kurze Besprechung zwischen Betriebsrat und Herrn Vogler.
Es wird eine Kassenrevision vorgeschlagen, der Termin dafür ist noch unbekannt.

2) Für den Hochwasser-Katastrophendienst werden 40 Mann im Werk kaserniert.

3) Herr Dietrich hat sich um die Neubeschaffung eines Kochkessels zu bemühen.

4) Es soll versucht werden für unsere Steinholzplatten-Fertigung, für den Wiederaufbau der Stadt Dresden, 2 Kräne freizubekommen.

5) Ausbesserungsarbeiten am Dach des Verwaltungsgebäudes und der Hallen müssen vorgenommen werden.

6) Es ist mit den entsprechenden Stellen der Behörde über den Strom- und Wasserverbrauch der Reichsbaracke zu verhandeln.

7) Von 9–12 Uhr fand die erste Impfung der Belegschaft statt.

10. Februar 1946, Sonntag

11. Februar 1946

1) Der angekündigte Besuch des Direktors vom Reichsbahn-Ausbesserungswerk Dresden-Friedrichst.

2) Mit dem Betriebsrat den Beschluß gefaßt, daß die von Plauen/i. Vgl. angebotenen Filze, für ca. 1500,– RM gekauft werden.

3) Betriebsgruppen-Sitzung, es wurde beschlossen, eine Betriebskritikzeitung einzuführen.

13. Februar 1946

1) In der Gaszentrale brach gegen 17.10 Uhr, am linken Kühlturm ein Brand aus.

Nach dem Eintreffen der Städtischen Feuerwehr konnte der Brand um 20 Uhr gelöscht werden. Die Städt. Polizei, sowie unsere Demontage-Kommission, nahmen je ein Protokoll auf.

Es wurde festgestellt, daß der Brand durch Selbstentzündung hervorgerufen wurde.

2) Am gleichen Tage wurde eine Schleifmaschine, durch Versagen eines Kranes, zerschlagen.

14. Februar 1946

1) Abgabe der Knüppelschere per Waggon, an die Firma Wolf, Roßwein.

2) Die Feuerwehr wurde unserem Belegschaftsmitglied Rößler, übergeben.

3) In der Sitzung, Betriebsrat – Herr Vogler – wurde festgelegt, daß versucht werden soll, die drei in der Reichsbaracke befindlichen Kochkessel, für uns zu erhalten.

4) Der finanzielle Plan von Juli bis Dezember 1945 wurde durchgesprochen, dieser zeigt eindeutig, daß eine starke Ansteigung der Einnahme von September bis Dezember 1945 zu verzeichnen ist.

5) Die Nachfrage wegen Freistellung von Kränen bei der Maschinen- und Materialbeschaffungsstelle Dresden, war erfolglos.

15. Februar 1946

1) Herr Inspektor Rommel, Reichsbahn bestätigt, daß der Antrag auf Einrichtung einer Kesselschmiede und der Schmalspur-Lokomotivreparatur, nach der Landesverwaltung weitergegeben wurde. Dies bezeugt die Dringlichkeit, mit welcher die Reichsbahn unsere Planungsvorhaben bearbeitet hat.

2) Transformatorenstation fertig demontiert.

3) Einreichung der Unterlagen an Herrn Stadtrat Genau, zur Treuhänderbestellung durch die Landesverwaltung Sachsen.

4) Die Eintragung des neuen Treuhänders, Herrn Ing. Vogler in das Handelsregister, wurde von Seiten der Behörde noch nicht angenommen.

16. Februar 1946

1) Durch Erhalt von Benzin durch die Fahrbereitschaft war es Herrn Kapitän Batist möglich, die zu zahlenden Löhne abzuholen.

2) Durchführung der 2. Impfung der Belegschaft.

3) Lohnzahlung für Demontage.

17. Februar 1946, Sonntag

18. Februar 1946

1) Besuch bei der Landesverwaltung Sachsen, durch die Herren Vogler und Schenk.

Herr Oberamtmann Gottschalk hat die von der Reichsbahn eingereichten Unterlagen weitergegeben über Herrn Staatssekretär Lang, an den Sachbearbeiter Herrn Liebscher, zur SMA.

2) Der Sachbearbeiter Herr Cerutti, in der Landesverwaltung Sachsen, bittet um Einreichung einer kurzen Stellungnahme für die Steinholzplatten-Fertigung, welche er gedenkt am 19.2.46 der russ. Administration vorzulegen. Diese besagt die Freigabe von 2 Kränen, einem Elektrokarren und einer Shaping-Hobelmaschine.

3) Einreichung des Antrages zur Wiederaufnahme der Arbeit, nach beendigter Demontage, bei der Industrie- und Handelskammer, über Herrn Stadtrat Genau, Freital an Herrn Dipl.-Ing. Zenker dort.

4) Herr Zenker will bis 22.2.46 einen Passierschein besorgen, der den Besuch bei der zuständigen Stelle, der Administration in obiger Angelegenheit, ermöglicht.

5) Besuch des Herrn Dietrich, bei dem Kohlenkontor und anderen maßgeblichen Stellen, zwecks Beschaffung von Kohle.

19. Februar 1946

1) Herrn Zenker, Landesverwaltung, wurde der angeforderte Brief übergeben. Er bestätigte, daß er denselben noch am gleichen Tage der russ. Kommission vorlegen wird.

2) Besprechung zwischen Herrn Wüstner und Dr. Schupp, wegen weiterer Vermietung von Lagerräumen und Büros.

3) Verhandlung zwischen Herrn Dietrich, der Reichsbahn und der Landesverwaltung, betreffs des Kohlenzuges.

20. Februar 1946

1) Festlegung eines theoretischen Planes für die Schmalspur-Lokomotivreparatur (s. Aktennotiz), zwischen Herrn Rommel, Reichsbahn und Herrn Vogler. Herr Rommel will versuchen, diesen Plan zur sofortigen Reparatur, seiner vorgesetzten russischen Dienststelle vorzulegen, um bei der, nächste Woche stattfindenden Besprechung bei der SMA, auch russischerseits Unterlagen zu besitzen.

21. Februar 1946

1) Besuch des Herrn Rommel, Fortführung der Besprechung vom 20.2.46.

2) Herr Dietrich hat die Freigabe des Kohlenzuges, bis auf endgültige Regelung des Fahrbefehls, geklärt.

Die Kohlen werden nicht in Senftenberg, sondern in Hirschfelde geholt.

3) Herr Ronneberger besucht die Firma Kelle & Hildebrandt und verlangt die Konstruktionsunterlagen der seinerzeit konstruierten Schiebebühne.

4) Eintragung des Treuhänders Herrn Vogler in das Handelsregister.

22. Februar 1946

1) Der Passierschein für SMA ist nicht erhältlich, da angeblich, wie die Industrie- und Handelskammer bestätigt, ca. 300 Betriebe in Sachsen gemeinsam bearbeitet werden sollen.

23. Februar 1946

1) 3. Impfung der Belegschaft.

24. Februar 1946, Sonntag

25. Februar 1946

1) Herr Vogler nahm bei der Fahrt zur Industrie- und Handelskammer, im Beisein des Herrn Oberbürgermeisters Hennig, die Gelegenheit wahr,

ihm eine Übersicht zur augenblicklichen Lage unseres Werkes zu unterbreiten.

2) Herr Zenker von der Industrie- und Handelskammer, will sich sofort mit Herrn Liebscher wegen dem Besuch bei der SMA in Verbindung setzen und bestätigt, daß dieser wegen unserem Werk individuell vorsprechen möchte.

3) Herr Cerutti, Landesverwaltung war selbst nicht anwesend, die Damen im Büro bestätigten, daß unsere am 19.2.46 eingereichten Unterlagen noch nicht der SMA vorgelegt wurden.

4) Gegen 16 Uhr wurde Herr Vogler von Herrn Cerutti telefonisch unterrichtet, daß die Besprechung am Donnerstag den 28.2.46 stattfinden soll. Herr Cerutti wird am 27.2.46 anfragen, ob Herr Vogler daran teilnehmen kann.

5) Besprechung zwischen Betriebsrat und Herrn Vogler. Es wurden Entlassungsfragen besprochen.

Feststellung der Verwaltungsangestellten für den Neuaufbau.

Besprechung über die Art der Verteilung von 3000 Zigaretten, welche durch unsere Bemühung von Herrn Schenk aus Wilsdruff geholt wurden.

6) Die 3. Demontage-Lohnzahlung soll endgültig am 28.2.46 erfolgen.

26. Februar 1946

1) Besuch des Herrn Rommel wegen Wiederaufnahme der Arbeit. Er bestätigt, daß eine neu ausgearbeitete Planung den russ. Behörden nachgereicht wird.

2) Der Kohlenzug soll erst am 28.2.46 fahren.

3) Abholung des Unterschriftenblattes bei der Landesbank.

27. Februar 1946

1) Sitzung und Bildung des Industrie-Ausschusses in dem Herr Vogler mit gewählt wurde.

2) Anruf von der Industrie- und Handelskammer, daß die Eingaben an die Landesverwaltung erst in kommender Woche SMA vorgelegt werden können.

28. Februar 1946

1) 8.30 Uhr fuhr der von uns gestellte Kohlenzug, bestehend aus 16 Waggons, nach Hirschfelde.

2) Besuch mit Herrn Kunze bei Herrn Prof. Dr. Ing. Baier, Dresden, Amt für Wiederaufbau der Stadt Dresden. Prof. Baier verlangt sofortige Eingaben der Untersuchungsberichte unserer Steinholzplatten-Fertigung.

3) Vorsprache beim Reichsbahnpräsidenten Bahrt.

4) 16.30 Uhr Zellensitzung, in welcher die Festlegung der für den Wiederaufbau infrage kommenden Leute erfolgte.

5) Diebstahl einer Schreibmaschine, in diesem Zusammenhang besuchte uns die Kriminalpolizei.

6) 3. Demontage-Lohnzahlung

1. März 1946

1) Eintreffen des Kohlenzuges mit 460 to Schwelkoks.
Abgabe von Koks an die Stadt:

Weigert	40 to
Döring	20 to
Ladestraße	40 to
insgesamt	100 to

2) Besuch des Industriebeauftragen, Herrn Kempe.

3) Kündigung der Holzberufsgenossenschaft und Auszug derselben.

2. März 1946

1) Verteilung der Zigaretten, sowie von 80 to Schwefelkoks, an die Belegschaft.

2) Überprüfung des 1. russ. Transportzuges, durch einen Reichsbahn-Fachmann. Die von ihm gefundenen Beanstandungen werden sofort behoben.

3. März 1946

1) Weitere Verteilung von Schwelkoks.

4. März 1946

1) Die seinerzeit festgelegte Kassenrevision wurde durch den amtlichen geprüften Steuerrevisor, Herrn Preißler, durchgeführt.

16.30 Uhr wurde denn dem Betriebsrat das Ergebnis, nach der vorhandenen Niederschrift, unterbreitet. Die Prüfung verlief störungsfrei.

Mängel wurden gefunden in der Art der Küchenbuchung, so daß beschlossen wurde, eine endgültige Umorganisierung dort vorzunehmen.

Herr Preißler machte uns weiter auf die hohe Schuldenlast, die noch vor dem 8. Mai 1945 auf dem Betrieb lastet, aufmerksam.

5. März 1946

1) Tausch von Schwelkoks gegen Kohle mit der Stadtverwaltung, für 50 to Koks = 9 to Kohle.

2) Betriebszellensitzung, es wurde wegen Herrn Schenk verhandelt.

6. März 1946

1) Besuch des Herrn Rommel und Herrn Meichsner (Reichsbahnbetriebsrat) von der Reichsbahn.

Kurze Besprechung.

2) Nochmalige Anmahnung bei Herrn Prof. Dr. Ing. Baier betr. der Dringlichkeitsbestätigung an die Landesverwaltung, Herrn Cerutti.

3) Anruf von der Industrie- und Handelskammer, Herrn Zenker, daß unser Antrag auf Wiederaufnahme der Arbeit, bei SMA zur Bearbeitung liegt, nachdem eine Änderung vorgenommen wurde.

7. März 1946

1) Die Zeichnungen von Kelle & Hildebrandt wurden geliefert, die statischen Berechnungen fehlen noch.

2) Beanstandung unseres Transportzuges, da einige Wagen bis nach Dresden gebrannt haben. Vermutlich mangelnde Ölgüte.

8. März 1946

1) Die gestohlene Schreibmaschine ist bei der Polizei abgegeben worden.

2) Überprüfung des Betriebes durch das Gewerbeaufsichtsamt. Keine Beanstandung.

3) Betriebsappell in Angelegenheit Schenk.

4) Sitzung bei dem Freien Deutschen Gewerkschaftsbund. Es wurde beschlossen, daß die FSI geplante Baustoffe zur Ausstellung bringt.

Herr Kunze wird hierfür am Montag beginnen, einige solche Platten für diesen Zweck herzustellen.

5) Herrn Kunze wurde von der Landesverwaltung mitgeteilt, daß unsere Eingaben an SMA, noch nicht bearbeitet sind.

9. März 1946

1) Besprechung zwischen Betriebsrat und Herrn Vogler, über die Festlegung des Essenspreises auf 0,60 RM pro Portion.

2) Besuch von Herrn Dr. Schupp, er ist bereit am 1.4.46 die Räume der ehemaligen Holzberufsgenossenschaft zu mieten und erbittet dringend die Benachrichtigung, wann er mit seiner Einräumung beginnen kann.

10. März 1946

1) Reparaturen an unserer Rangier-Lokomotive.

11. März 1946

1) 4. Lohnzahlung.

12. März 1946

1) Festlegung eines Standes für die Ausstellung „Der Wiederaufbau Dresden".

13. März 1946

1) Nach Rücksprache mit Herrn Oberbürgermeister und dem Dolmetscher Herrn Kelmichkeit wurde eine Eingabe an letzteren gemacht, welcher uns versprach, sofort einen Brief an Herrn Oberst Blochin zu schreiben.

14. März 1946

1) Der besagte Brief wurde Herrn Oberst Blochin abgegeben.

2) Betriebsratsitzung mit Herrn Vogler, es wurde die allg. Lage besprochen.

15. März 1946

1) Von der Reichsbahn wurde eine beschädigte Spindelpresse gekauft und abgeholt, sowie von einer Privatfirma ein Shapinghobler, der wieder aufgearbeitet werden muß.

2) Der in der Demontage befindliche Kran im Pumpenhaus, wurde durch einen Unfall beschädigt.

16. März 1946

1) Kohlenstaubverteilung an die Belegschaftsmitglieder.

17. März 1946, Sonntag

18. März 1946

1) Nach Angabe des Herrn Dolmetschers von der Stadtverwaltung, Kelmichkeit, ist bis jetzt noch keine Antwort von Oberst Blochin eingetroffen.

2) Rücksprache Firma Kutzscher, Herr Linhart macht einen Reparaturvertrag betr. der dort befindlichen Maschinen.

3) Besuch des Herrn Dr. Schupp, er will mit dem Einzug noch eine Zeit warten, da über die Lage unseres Werkes noch nicht entschieden ist.

4) Übung der Werksfeuerwehr vor werksfremden russ. Offizieren.

19. März 1946

1) 5. Lohnzahlung

2) Ab sofort wird wieder ein Ingenieur-Dienst eingesetzt, der täglich wechselt.

3) Außerdem muß im Werk jederzeit ein Elektriker zur Verfügung stehen.

20. März 1946

1) Die Urlaubsfrage für 1945 wird so geklärt, daß alle Arbeitskameraden, die noch mit ihrem Urlaub im Rückstand sind, diesen möglichst ausgezahlt bekommen oder nachholen können.

21. März 1946

1) Rücksprache mit Herrn Hocker, Reichsbahn, wir werden ab sofort den Übergang zur Wiederaufnahme der Lokomotivreparatur in Angriff nehmen, ohne dabei auf den Befehl zur Wiederaufnahme der Arbeit, von der russ. Kommission, zu warten.

2) Sollte die noch bestehende Demontage Störungen hervorrufen, so wird trotzdem der Ausfall nicht so stark sein, als wenn wir warten und zu keinem Anfang kommen.

3) Aufnahme der Arbeiten (Reparaturen) bei Firma Kutzscher.

4) Vertrag mit Linhart.

22. März 1946

1) Die in Dresden stattfindende Ausstellung wird verschoben. Das Material wurde zurückgebracht.

2) Besuch von der Firma Fischer. Es wurde ein Härteofen bestellt.

3) Herr Dietrich stellt bei dem Kohlenkontor in Dresden fest, daß durch ein Versehen unsere Kohlenzuteilung vom Januar und Februar 1946, der SGW zugeleitet worden ist.

23. März 1946

1) Abgang des 2. Transportzuges.

24. März 1946

1) Eine Kolonne Schlosser beseitigte auf der Flur Altfranken altes Kriegsmaterial, damit die Bauern ihre Felder wieder vollständig bestellen können.

25. März 1946

1) Betriebsratsitzung, der Urlaub von 1945 wird vergolten oder nachgereicht.

2) Besprechung mit Herrn Rommel, Reichsbahn, die angelieferten Wagenwinden werden ausgetauscht. Herr Rommel wird über Herrn Hocker

ein offizielles Auftragsschreiben zur Aufnahme der Schmalspurlokomotiv-Reparatur beibringen, welches von der Landesverwaltung und der russ. Behörde gegengezeichnet werden soll.

3) Der geplante Spänebunker in Halle I, wurde wegen zuviel Materialaufwand, behördlicherseits, abgelehnt.

26. März 1946

1) Die Arbeitszeit wird ab 1.4.46 auf $6^{30}-16^{30}$ Uhr festgesetzt.

2) Besuch eines Kesselprüfers für die erste Schmalspurlokomotive aus Chemnitz.

3) 1. Unterricht der beiden Werkstudenten in der Hochschule. Es wird versucht werden, den beiden Schülern, trotz Studium, den Lohn weiterzuzahlen.

27. März 1946

1) Die Maschinen bei Firma Kutzscher sollen nach einer Schmiede gebracht werden. Am Nachmittag erfolgt die Beschlagnahmung derselben durch die Russen.

28. März 1946

1) Freigabe der Maschinen bei Firma Kutzscher.

2) Herrn Rommel und Meichsner von der Reichsbahn bringen den schriftlichen Auftrag zur Aufnahme der Schmalspurlokomotiv-Reparatur und bestätigt, daß unsere Aufnahme zur Lok-Reparatur, über Herrn Prof. Dr.h.c. Friedrichs, von Seiten der Reichsbahn, nach Berlin und Moskau, gegeben wurde.

3) Rücksprache mit Herren aus dem Vorstand des Konsumvereines, wegen Vermietung der Trafostation als Lagerräume.

3) Verhandelt zwischen Herrn Rohner, Landesverwaltung, Herrn Wüstner, Freitaler Stahl-Industrie, Herrn Hermann, Sächsische Gußstahl-Werke, über die noch vorhandenen Gewerbesteuerschulden. Es wurde der Beschluß gefaßt, daß wir vorläufig diese Schulden aufschieben können, ausgenommen die neu angelaufenen Steuern.

29. März 1946

1) Nochmalige Besichtigung durch den Konsumverein.

2) Erteilung eines Auftrages zur Aufnahme der Reparatur von 100 Waggons im Monat April.

3) Tausch einer Kreissäge gegen Quark.

4) Aufnahme der Herstellung von Pflugscharen.

Die ersten 50 Stück sollen bereits in der nächsten Woche zur Lieferung kommen.

5) Dr. Trausel, Freital interessiert sich für die Verwaltungsräume und für verschiedene Krankenstubenmöbel.

30. März 1946

1) Erste Fühlungnahme wegen Freigabe eines Kranes bei einer russ. Behörde durch Herrn Dietrich.

2) Einheitlicher Beschluß des Betriebsrates und des Treuhänders, Herrn Henker wird der gesamte Einkauf, Verkauf und Versand übertragen.

31. März 1946, Sonntag

1. April 1946

1) Die Renovierung unseres Werkes und Herrichtung eines Sport-Ecks mit Geräten wird bestimmt.

2) Die von Herrn Hentschel noch hier befindlichen Möbel, werden zum Teil, im Einvernehmen desselben, von Herrn Kapitän Batist gekauft.

2. April 1946

1) Beginn der Reparaturen an der ersten Schmalspurlokomotive in Schadgruppe 3.

3. April 1946

1) Vorsprache wegen eines Kranes bei einer russ. Behörde, durch Herrn Vogler, Schenk, Dietrich, war ohne Erfolg.

2) Besuch der Herren Rommel und Meichsner von der Reichsbahn.

4. April 1946

1) Mit Herrn Dr. Schupp wurde entgegen seiner früheren Besprechung vereinbart, daß er den rechten Flügel des Verwaltungsgebäudes mietet, sobald unsere russ. Demontagekommission das Werk verläßt.

5. April 1946

1) Betriebszellensitzung, kurze Besprechung wegen der Vereinigung der beiden Arbeiterparteien.

2) Durch Herrn Stadtrat Genau wurden uns die 3 Kochkessel aus den Reichsbaracken zur Verfügung gestellt.

7. April 1946, Sonntag

8. April 1946

1) Vorsprache des Herrn Dietrich und Herrn Ronneberger bei einer russ. Behörde ohne Erfolg.

2) Die Landesverwaltung teilt mit, daß unsere für die Waggon- und Lokomotivreparatur, zur Freigabe beantragten Maschinen, von der russ. Administration abgelehnt wurden.

Es wird jedoch die sofortige Eingabe der Maschinen, getrennt nach Waggon- und Lokomotivreparatur, gefordert.

9. April 1946

1) Der neue Antrag wurde bearbeitet und zur Übersetzung gegeben.

2) Verkauf von Kohlrübenschnitzel an die Belegschaft.

3) Der Kauf eines Kraftfahrzeuges (Schrott) wird beschlossen.

10. April 1946

1) Amtliche Bestätigung des Treuhänders bei dem Postscheck-Konto.

2) Die seinerzeit geplante 150 to Kohlenanlieferung, wird jetzt auf 15 to reduziert.

3) Kapitän Korüschenko fährt mit einer Aufstellung über bisher gefertigte Waggons und Lokomotiven zu seiner vorgesetzten Dienststelle betr. Weiterführung dieser Reparatur.

11. April 1946

1) Herr Dietrich überbringt der Landesverwaltung, z.H. Herrn Oberamtmann Gottschalk, die geforderten Unterlagen, getrennt nach Waggon- und Lokomotivreparatur, zwecks Freistellung der Maschinen.

Herr Gottschalk will diese sofort an SMA weiterreichen.

2) Es sollen 40 kg Tabak, zur Verteilung an die Belegschaft, besorgt werden.

3) Käseverteilung an die Belegschaft.

4) Absage vom Weißen Hirsch, wegen Freigabe von 2 Kränen. Wir werden an Oberst Blochin verwiesen, derselbe wurde aber bereits schon früher von unserer Eingabe unterrichtet.

5) Beschluß des Betriebsrates und des Treuhänders, die Belegschaft des Konstruktionsbüros Dr. Baake, sowie ihn selbst, von der FSI zu trennen.

6) Gesellenprüfung unseres Elektro-Lehrlings, Günter Patzig.

7) Dem Konsum werden verschiedene Möbel ausgeliehen, die später wieder nach dem Werk kommen.

12. April 1946

1) 3 kaufmännische Lehrlinge bestehen ihre Prüfung.

14. April 1946, Sonntag

15. April 1946

1) Betriebsrat Meichsner von der Reichsbahn bestätigt, daß unsere Unterlagen betr. Maschinenfreigabe durch Oberamtmann Gottschalk, an SMA weitergereicht wurden.

2) (Angeblich Demontageschluß-Meldung unseres Kapitäns Korüschenko, an seine vorgesetzte Dienststelle).

16. April 1946

1) Von der Landesverwaltung wird uns mitgeteilt, daß unsere Anträge auf Weiterführung bzw. Aufnahme neuer Arbeiten, von SMA abgelehnt worden sind. [Dokument 1 und 2]

Herr Vogler unterrichtet davon Herrn Genau und Herrn Pfennig und wird am 15.4.46 voraussichtlich, sofort zum Vizepräsidenten Herrn Selbmann fahren.

2) Verteilung von getrocknetem Kraut an die Belegschaft.

3) Der 500 Waggon wurde fertiggestellt.

17. April 1946

1) Rücksprache betr. Ablehnung unserer Arbeitsaufnahme, zwischen Herrn Vogler und Herrn Stadtrat Genau.

2) Besuch der Herren Vogler und Wüstner bei Herrn Staatssekretär Lang. Dieser verwies an die Sachbearbeiter Hoffmann und Wahl, – Wirtschaft und Arbeit –, welche bestätigen, daß die verschiedensten russ. Stellen unseren Antrag ablehnten und damit besagen, daß das Werk geschliffen werden soll.

Nach Rücksprache mit Herrn Stähle, vom Referat Fahrzeugbau, wird von Herrn Vogler der Vorschlag gebracht, nochmals einen Antrag auf Wiederaufnahme der Arbeit, unter Berücksichtigung der Hallen, welche in leichtester Holzdachkonstruktion ausgeführt sind, einzureichen. Herr Stähle wird versuchen, mit einem neuen russ. Offizier am 3. Feiertag (23.4.46) unter einem Vorwand nach hier zu kommen, um denselben an Ort und Stelle von der Dringlichkeit unserer Arbeit zu überzeugen.

Alle Ablehnungen sind deshalb von den Russen ausgesprochen worden, da unser Werk ein 100% Rüstungsbetrieb war.

3) Herr Dietrich bringt den Vorschlag, durch einen befreundeten russ. Kapitän, der mit ihm im Konzentrationslager war, bei SMA persönlich vor-

zusprechen und bestätigt, daß wir uns zu einer Aussprache am Mittwoch den 24.4.46, 10 Uhr im Albrechtsschloß einfinden sollen.

18. April 1946

1) 6. Demontage – Lohnzahlung.

19. April 1946

1) Am Karfreitag wurde bis 12 Uhr für den ausfallenden Sonnabend gearbeitet.

20. April 1946 – 22. April 1946, Oster-Betriebsruhe

23. April 1946

1) Die am 17.4.46 besprochene Eingabe zur Wiederaufnahme der Arbeit, wurde Herrn Stehle [sic!] und Herrn Wahl, Landesverwaltung ausgehändigt.
Auch Herr Oberamtmann Gottschalk wurde hiervon unterrichtet.

2) Der zu erwartende Offizier mit Herrn Stehle [sic!] erschien nicht.

3) Unsere ehem. Angestellte, Fräulein Kümmelberger, erhält die Bestätigung, daß sie ihre Bürogehilfenprüfung mit ausgezeichnet bestanden hat.

4) In der Betriebsratsitzung wurde beschlossen, daß für Belegschaftsmitglieder welche nicht in der Demontage beschäftigt sind, der 1. Feiertag bezahlt wird. Eine Regelung für die in der Demontage stehenden Leute, wird zur gegebenen Zeit getroffen.

24. April 1946

1) Die vorgesehene Besprechung im Albertschloß mit dem bekannten Kapitän, war erfolglos.

2) Herr Meichsner, Reichsbahn beläßt uns vorläufig noch weiterhin den Gießofen der Reichsbahn.

3) Die versprochenen 50 Waggons zur Reparatur werden nicht mehr angeliefert.

25. April 1946

1) 7. Demontage – Lohnzahlung.

2) Rücksprache mit Herrn Pfennig, ein Schreiben an Herrn Pieck, Berlin wird nicht von der Kreisleitung befürwortet.

26. April 1946

1) Abgang des 4. Transportzuges.

2) Der 1. Pendellastwagen fährt zum Alberthafen mit Demontagekisten.

3) Eine Besprechung zwischen Herrn Richter, Betriebsrat und Herrn Vogler, mit dem Vorsitzenden der Einheitspartei, Gen. Risch, betr. Erhaltung des Werkes führt dahinaus, daß das Werk als Rüstungsbetrieb nicht zu erhalten ist. Er verspricht eine nochmalige Anfrage bei dem Vizepräsidenten Selbmann und will uns am 27.4.46 früh, Bescheid geben.

27. April 1946

1) Firma Frank & Schäfer wird an die Landesverwaltung herantreten und versuchen die notwendigen Schritte einzuleiten, um in unserem Verwaltungsgebäude mit der Fertigung beginnen zu können. Das Gleiche betrifft die Konsumgenossenschaft.

28. April 1946

1) Es wurde verladen.

29. April 1946

1) Herr Risch von der SED benachrichtigt uns, gemäß der Abmachung vom 26.4.46, daß er auf Grund einer Besprechung mit Vizepräsident Selbmann gewisse Abmachungen getroffen hat und wir vor ca. 14 Tagen nichts unternehmen sollen.

Es wird, wie uns selbst schon oft der Gedanke kam, empfohlen eine neue Firma zu gründen.

2) Erstmaligs Speisung von 10 hilfsbedürftigen Kindern, die nun laufend erfolgt.

3) Betriebsratsitzung, es werden mit dem Treuhänder allg. Betriebsfragen geklärt.

30. April 1946

1) Es wurde bekannt gegeben, daß am 2. Mai nicht gearbeitet wird.

1. Mai 1946, Feiertag

2. Mai 1946

1) Vom 2. Mai 8.30 Uhr bis 3. Mai wurde im Sondereinsatz verladen.

2) Dr. Schupp kündigt auf Grund der ungewissen Lage des Werkes die gemieteten Räume.

3. Mai 1946

1) Rhabarber-Verteilung an die Belegschaftsmitglieder.

4. Mai 1946

1) Besprechung bei Herrn Bankdirektor Kalmaier zwischen den Herren Vogler und Wüstner.

2) Beladung eines Transportpendelzuges nach Riesa und Abgang desselben.

3) SMA verlangt die sofortige Meldung des vorhandenen Büromöbels.

5. Mai 1946, Sonntag

6. Mai 1946

1) Besprechung mit Firma Senning.

2) Freisprechung von 3 kaufm. Lehrlingen durch die Herren Vogler, Wüstner, Heinz.

7. Mai 1946

1) Abgabe von Möbel an eine russ. Stelle nach Niedersedlitz.

2) Der uns zugeteilte Steuer- und Wirtschaftsprüfer Herr Hardtmann fordert eine Kriegsbilanz-Abschlußaufstellung und verzichtet auf eine Bilanzprüfung auf Grund der Demontageverhältnisse.

8. Mai 1946

1) Besprechung bei der Firma Senning, zwischen Betriebsrat Richter und den Herren Vogler und Wüstner.

Bei dieser Besprechung wurde festgelegt, daß wir uns evtl. später zu einer Interessengemeinschaft zusammenschließen, um unsere Versuche auf gemeinschaftlicher Basis voranzutreiben.

2) Vorsprache bei Herrn Stadtrat Genau, mit den Herren Vogler, Richter und Wüstner.

Herr Stadtrat Genau will sich sofort mit der Landesverwaltung in Verbindung setzen und uns Bescheid zugehen lassen.

9. Mai 1946

1) Die beiden, von uns unterhaltenen Werksstudenten, müssen das Studium wieder aufgeben, da die Vorbildung ihrer Klassenkameraden diese soweit übertrifft, daß eine weitere Teilnahme unzweckmäßig erscheint.

10. Mai 1946

1) Besprechung zwischen Herrn Vogler und Herrn Lotze, Grumbach. Der Mietpreis für die dort gebliebenen, zum Teil schrottwertigen Gegenstände, wird auf 80,– RM pro Monat festgesetzt. Die dort entstandenen

Schäden werden zu Lasten der FSI wieder in Ordnung gebracht. Das dazu benötigte Holz besorgt sich L. auf Rechnung der FSI selbst.

2) 8. Demontage – Lohnzahlung.

11. Mai 1946

1) Quarkverteilung an die Belegschaft.

2) Stadtrat Genau hat die versprochene Unterredung bei der Landesverwaltung und Einheitspartei nicht durchgeführt und bittet, dies von uns aus selbst zu tun.

12. Mai 1946, Sonntag

13. Mai 1946

1) Telefonische Rücksprache mit Herrn Risch, Einheitspartei. Er wünscht, daß ich ihn am kommenden Donnerstag oder Freitag anrufe, da dann Herr Vizepräsident Selbmann zurück ist und schlägt unbedingt vor, gewisse Zukunftsfragen beim Amt – Wirtschaft und Arbeit –, mit Herrn Falkenberg durchzusprechen und möglichst zu versuchen, daß dies an dem Donnerstag oder Freitag stattfindet, damit er selbst, oder Herr Selbmann, mit eingeschaltet werden können.

2) Anweisung der russ. Demontagekommission zur Demontierung der Küchenmaschinen, Heizung, sowie Waschanlage im Verwaltungsgebäude.

14. Mai 1946

1) Beschlagnahmung eines Lastautos voll Büromöbel durch eine russ. Kommission.

15. Mai 1946

1) Quarkverteilung an die Belegschaft.

2) Anruf bei Herrn Falkenberg.

16. Mai 1946

1) Anruf bei Herrn Falkenberg.

2) Beschwerde der RB über zu teuer hergestellte Waggons. Herr Kegel hat sich sofort mit der Universelle und der Miag in Verbindung gesetzt und stellt fest, daß unsere Tischlerei in der Hauptsache recht unproduktiv geworden ist. Der Vergleich zu diesen Firmen bringt jedoch die Bestätigung, daß wir trotzdem von allen Privatfirmen noch am günstigsten reparieren.

17. Mai 1946

1) Anruf bei Herrn Falkenberg.

2) Besuch des Betriebsrates der RB. Er erkundigt sich nach der Lage und bestätigt nach wie vor die Dringlichkeit der Schmalspurlokomotiv-Reparatur.

3) Amt für – Wirtschaft und Arbeit – kennt angeblich bei einer telefonischen Rücksprache mit Herrn Ronneberger nicht die Freitaler Stahl-Industrie und bittet nochmals am Montag anzurufen.

18. Mai 1946

1) Anruf bei Herrn Falkenberg, ohne Erfolg.

19. Mai 1946, Sonntag

20. Mai 1946

1) Anruf bei Herrn Falkenberg und Risch.
Letzterer verspricht die Sache dringend bei Herrn Falkenberg vorzutragen.

21. Mai 1946

1) Besuch des Herrn Meichsner von der RB.
Er weist auf schnellste Fertigstellung der bei uns befindlichen Schmalspurlok hin und erwünscht erhöhten Arbeitseinsatz, da die Strecken den Verkehr nicht mehr aufrecht erhalten können.

2) Anruf bei Falkenberg, er vertröstet uns erneut auf einen weiteren Anruf Ende dieser Woche und äußert, daß er im Augenblick wichtigere Dinge zu erledigen hätte als unseren Fall.

22. Mai 1946

1) Transport der ersten Eumucopressen durch Straßentiefladewagen.

2) Rücksprache mit Stadtrat Genau, er erbittet Rücksprache am 24.5.46, betreffs verschiedener Zukunftsfragen.

24. Mai 1946

1) Besprechung bei Herrn Stadtrat Genau über verschiedene Zukunftsfragen und die Lage des Werkes. Er bestätigt, daß wir mit für den Volksentscheid vorgesehen sind. Er will versuchen, sich am 25.5.46 mit Herrn Vizepräsidenten Selbmann in Verbindung zu setzen. Dadurch erübrigt sich der Anruf bei Herrn Falkenberg.

26. Mai 1946, Sonntag

27. Mai 1946

1) Der ehem. Meister aus der SGW, Herr Weis, bestätigt erneut, daß in Dresden-Reick die ausgeglühten Eisenträger der Stadt Dresden, wieder aufgearbeitet werden sollen und weist auf eine in den nächsten Tagen stattfindende Besprechung hin, wobei nochmals daraufhingewiesen werden soll, ob nicht diese Fertigung besser nach der FSI verlegt wird, da hier bereits die Öfen stehen und der Gasanschluß unmittelbar zu den Herdplatten führt.

28. Mai 1946

1) Herr Meichsner, RB stattet uns einen Besuch ab.

29. Mai 1946

1) Einige techn. Herren von der Straßenbahn A.G. besichtigen hier die zu transportierenden schweren Pressen und bestätigen, daß von Seiten der Straßenbahn A.G., für diesen Transport keine Schwierigkeiten bestehen.

30. Mai 1946, Feiertag

31. Mai 1946

1) Nochmaliger Besuch des Herrn Weis in der Eisenträgerangelegenheit.
2) Herr Schenk von der Schulung zurück. Er geht am 3.6.46 wieder weg.

1. Juni 1946

1) Es wurde bekannt, daß ca. 3000 Waggons zur Ausbesserung kommen sollen. Die FSI wird sich sofort darum bemühen, solche Waggons zu erhalten.

2. Juni 1946, Sonntag

3. Juni 1946

1) Herr Kegel erfährt nach Verhandlung mit den verschiedenen Herren der Reichsbahn, daß wir bei der Verteilung der zu reparierenden Waggons, nicht mit berücksichtigt werden, da wir angeblich zu hohe Preise haben. Er erhält aber die Zusage zur Teilnahme an der am 4.6.46 stattfindenden Tagung.
2) Die chemische Fabrik Scharfenberg, Arzneimittel, interessiert sich für gewisse Räumlichkeiten. Es wird gebeten, Herrn Eschenberg, welcher uns in dieser Angelegenheit besucht, umgehend mitzuteilen, wann die Möglichkeit besteht, diese Räume zu beziehen.

4. Juni 1946

1) An der Reichsbahntagung nahmen teil, die Herren Vogler und Kegel. Trotz der ehemaligen Mitteilung der Landesverwaltung, daß die FSI in Zukunft keine Fertigung betreiben darf, wurde ein Produktionssoll von 80 Waggons monatlich angegeben. 40 Waggons sind bereits auf dem Wege nach hier. Außerdem bestätigt Herr Kapitän Korüschenko, daß er uns auf Grund verschiedener Bemühungen des Herrn Vogler, uns 50 Waggons zuleiten lassen will.

2) Als Übergangsarbeit wurde eine Schmalspur-Lokomotive LO angefordert, dieselbe wurde auch von Herrn Hocker befürwortet.

5. Juni 1946

1) Besuch des Herrn Meichsner, RB wegen Anlieferung einer neuen Reparaturlok.

2) Betriebsratsitzung, die Urlaubsfrage wird so geregelt, daß jedes Belegschaftsmitglied 12 Arbeitstage Urlaub erhält, welches zur Stammbelegschaft gehört. Außerdem jeder, der 6 Monate Betriebszugehörigkeit im Jahre 1946 nachweisen kann. Die Demontageleute sollen möglichst ihren Urlaub nach und nach bekommen.

3) Die zu reparierenden Waggons, welche wir von der Reichsbahn erhalten sollen, können erst nach Genehmigung von SMA zugestellt werden.

4) Herr Kegel erfuhr von Herrn Hocker, Dezernat 61 und 63, daß lt. SMA Beschluß an Privatinteressenten keine Waggons abgegeben werden dürfen, da die zur Verfügung stehenden finanziellen Mittel nicht ausreichen. Da aber die Reichsbahn das Liefersoll nicht schaffen kann, wird eine sofortige Klärung erwartet und der genannte Herr zu einer Unterredung am Mittwoch den 12.6.46 zur Reichsbahn bestellt.

7. Juni 1946

1) Anlieferung von 48 Reparaturwaggons.

9. Juni 1946, Sonntag

10. Juni 1946

1) Außerplanmäßige Anlieferung von einem Waggon, 15 to Kohle.

11. Juni 1946

1) Auf russ. Befehl, müssen sämtliche Kabel des Werkes demontiert werden.

12. Juni 1946

1) Herr Stadtrat Lewinson bittet um Unterstützung für die Stadt, indem wir Draht für das Quarantänelager liefern sollen. Dieses wird genehmigt.

13. Juni 1946

1) Herr Kegel bestätigt auf Grund seines veranschlagten Besuches vom 5.6.46 bei der RB, daß die versprochenen 80 Waggons erst nach Eingang der neuen finanziellen Mittel für Juni, von Seiten der Russen, uns zugestellt werden können.

14. Juni 1946

1) Die Reichsbahn verweigert vorläufig die Bezahlung von Rechnungen.

16. Juni 1946, Sonntag

17. Juni 1946

1) Lohnzahlung aus privaten Mitteln, da die Reichsbahn die Anweisung in Höhe von ca. 42000,– RM von SMA noch nicht bewilligt bekommen hat.

(Wenn die Demontage nicht bald zu Ende geht, wird auf Grund der finanziellen Lage des Werkes keine Möglichkeit mehr bestehen, aus den zur Verfügung stehenden Mitteln, eine Produktion aufzuziehen, da Herr Vogler geplant hatte, bereits nach 3 monatiger Demontage gewisse Fertigungen aufzuziehen, um solche finanzielle Schwierigkeiten, wie sie bei Aufträgen der RB vorkommen, zu überbrücken).

2) Auf Anordnung von Herrn Kapitän Batist fällt der Nachtdienst weg.

18. Juni 1946

1) Die Reichsbahn legt durch Herrn Techtritz der FSI schriftlich die bereits schon am Montag, den 17.6.46 niedergeschriebene Tatsache vor, daß bis zum 15. Juli 46 keine Einnahmen zu erwarten sind.

2) Kapitän Bülow verlangt die Demontage der letzten Transformatoren. Daraufhin erfolgte Rücksprache bei der Direktion des Kraftwerkes Freital, zwischen den Herren Dir. Völkel, Ob.Ing. Schäfer und unseren Herren Ing. Vogler und Reisinger.

Herr Völkel versprach, uns in jeder Weise zu helfen, da sonst bei der Demontage der Transformatoren der Betrieb zum Stillstand kommt.

3) Sitzung zwischen Betriebsrat und Herrn Vogler betr. der finanziellen Lage des Werkes.

4) Fertigstellung der 1. Schmalspurlokomotive.

19. Juni 1946

1) Das Kraftwerk Freital will uns bei der Demontage der Transformatoren einen 60 kV Transformator zur Verfügung stellen.

20. Juni 1946

1) Besuch eines Techn. Leiters vom Lok-Ausbesserungswerk.

2) Herr Ronneberger besichtigt eine 60 to Schiebebühne, welche freizumachen versucht werden muß, falls nach der Demontage die Möglichkeit besteht, die Lokomotiv-Reparatur in der FSI in größerem Maßstab aufzuziehen.

3) Herr Kunze versucht einen 30 m^2 Flammrohrkessel für sich zu kaufen, welchen er später der Firma zur Verfügung stellt.

21. Juni 1946

1) Eingang einer Schmalspurlokomotive (3. Lok).

Es wird versucht, diese unbedingt noch vor Beendigung der Demontage fertigzustellen. Dies ist erstmalig eine Lok der Schadgruppe 4.

22. Juni 1946

1) Abgang des 5. Transportzuges mit Herrn Kapitän Korüschenko.

23. Juni 1946, Sonntag

24. Juni 1946

1) Sitzung des Industrieausschußes Freital, an dem Herr Vogler teilnimmt. Es wird bestätigt, daß die FSI bei dem Volksentscheid auf die Liste C gesetzt wird, d.h. daß das Werk weiterhin unter russ. Kontrolle bleibt.

2) Demontage – Lohnzahlung.

25. Juni 1946

1) Herr Kunze erkundigt sich bei Herrn Prof. Dr. Beier, Dresden über das Prüfungsergebnis unserer Steinholzplatten und erhält von dem Stellvertreter den Bescheid, daß unsere, seinerzeit eingegebenen Prüfungsunterlagen einem neu zu gründenden Prüfungsausschuß vorgelegt werden, welcher die spätere Aufnahme entscheiden soll.

Als größte Schwierigkeit steht dem die Beschaffung von Zement entgegen, da im Augenblick jede Menge desselben von den Russen beschlagnahmt ist.

Ein diesbezüglicher Besuch bei der Landesverwaltung bringt ebenfalls das Gleiche zur Antwort.

2) Verteilung von Salzmöhren an die Belegschaft.

3) Betriebsrat-Sitzung, Fragen zur Betriebsrätewahl.
4) 47 Reparaturwaggons wurden angeliefert.

26. Juni 1946

1) Herr Kunze bekommt betr. des Kessels einen vorläufig absagenden Bescheid. In einer Unterredung mit Herrn Kunze wird jetzt als notwendigste Vorbereitungsarbeit die Rohmaterialienbeschaffungsfrage von ihm geklärt werden müssen.

27. Juni 1946

1) Auf Grund einer Mitteilung eines Rundschreibens wurde der Befehl 25 aufgehoben, der besagt, daß sich Firmen bei Neuaufnahme der Produktion oder sonstigen Veränderungen nicht mehr mit der SMA in Verbindung zu setzen brauchen, sondern nur noch mit dem zuständigen Amt für – Wirtschaft und Arbeit –.
2) Herr Vogler telefonierte daraufhin mit Herrn Wahl von der Stadt Freital und wird nach dem Volksentscheid mit Herrn Stadtrat Genau entsprechende Verhandlungen führen.

30. Juni 1946, Sonntag

1. Juli 1946

1) Betriebsversammlung wegen der Betriebsrat-Neuwahl.

2. Juli 1946

1) Herr Kapitän Bülow äußert sich, daß uns ein Kran verbleiben soll.
2) Herr Bezirksvorsteher Koch bittet um einen Kochkessel.

3. Juli 1946

1) Herr Stadtrat Genau verspricht, betreffs der weiteren Erhaltung des Werkes, uns sofort zu besuchen.

4. Juli 1946

1) Auf Betriebsratbeschluß wird Herr Heinz vom Lohnbüro in Zukunft der Abt. Einkauf unterstellt und übernimmt als Hauptaufgabe den Einkauf von Lebensmittel für die Küche.

5. Juli 1946

1) Herr Stadtrat Lewinson verlangt unbedingt die 2 Kochkessel zurück.

6. Juli 1946

1) Herr Kegel nimmt an der, von der Kommandantur angesetzten Betriebsführerversammlung, in Vertretung von Herrn Vogler teil (s. Aktennotiz).

7. Juli 1946, Sonntag

8. Juli 1946

1) Besuch des demontageverantwortlichen Oberst.

Auf Anfrage des Herrn Vogler, was nun der Firma an Einrichtungen oder Maschinen verbleibt, antwortet dieser, daß er strengen Befehl aus Berlin erhalten habe, die gesamte Werkseinrichtung zu demontieren und nur die Hallen zu belassen.

2) Besuch des Herrn Stadtrat Genau, er will versuchen zusammen mit der FSI einen Weg zu finden, um dem Unternehmen einen neuen Namen zu geben.

Zum Vorschlag wurde von Herrn Vogler der seinerzeit mit dem Betriebsrat beschlossene Name „Freitaler Industriehof" gemacht.

Das Ziel der nächsten Arbeit muß der Erhalt einer Genehmigung, zur Wiederaufnahme der Arbeit, sein.

3) Die Stadt holt ihre Kochkessel ab.

4) Herr Vogler erteilt [sic!] in einer kurzen Besprechung sämtlichen Pförtnern ihre Tätigkeit mit und weist dieselben auf die Wichtigkeit ihrer Arbeit im Betriebe hin.

9. Juli 1946

1) Fertigstellung der 2. Schmalspurlokomotive und damit der ersten hier im Werk reparierten Schadgruppe 3.

2) Aufnahme der Demontage der Kühlanlage von Firma Werner.

10. Juli 1946

1) Die 50 to Pelspresse wurde von den Russen versehentlich in die Elbe gefahren (15 Mann 8 Tage beschäftigt).

11. Juli 1946

1) Mit Herrn Stadtrat Genau wurde besprochen, daß er mit Herrn Vogler in den nächsten Tagen zu Herrn Ministerialrat Falkenberg betreffs der Wiederaufnahme der Arbeit fährt.

12. Juli 1946

1) Seifenverteilung an die Belegschaft.

2) Herr Stadtrat Genau will Bescheid geben, wann wir zu Herrn Falkenberg fahren.

13. Juli 1946

1) Verteilung von Wurst an die Belegschaft.

2) Herr Vogler und Stadtrat Genau sind zu Herrn Falkenberg. Derselbe kann in dieser Sache nichts unternehmen und empfiehlt die Neugründung einer Firma und verweist uns an die Landesverwaltung.

14. Juli 1946, Sonntag

15. Juli 1946

1) Mit dem Vertreter des Herrn Genau, Herrn Wahl, ersuchte Herr Vogler die Landesverwaltung zwecks Eröffnung einer neuen Firma. Der Vertreter des Herrn Liebscher für Abteilung Maschinenbau, verwies uns an die Abteilung Planung über Herrn Mischow, dieser Herr empfiehlt nach seinen gegebenen Richtlinien, die sofortige Eingabe an den Stadtdezernenten der Stadt Freital.

17. Juli 1946

1) Rohkohleverteilung an die Belegschaft.

18. Juli 1946

1) Teilnahme des Herrn Vogler an der Kreiswirtschaftssitzung.

19. Juli 1946

1) Auf Vorschlag von Herrn Vogler, will die Reichsbahn einige Leute zu einem 14 tägigem Kesselschmiede-Umschulungslehrgang nach Chemnitz schicken.

2) Besuch des Bürgermeisters von Hainsberg, Herrn Höch. Es wird zwischen ihm, Herrn Siegel und Herrn Vogler vereinbart, daß auf Grund der Demontage gemäß des früheren Vertrages von der FSI, weitere Entwicklungsarbeiten der Umpflanzmaschine, nicht übernommen werden können, da hierzu noch die nötigen Maschinen fehlen. Bis zu einer endgültigen Klärung wird Herr Siegel, im Auftrag des Herrn Höch eine Bestätigung schreiben, welche besagt, daß der Vertrag erst dann wieder voll in Kraft tritt, wenn der Freitaler Stahl-Industrie rechtsmäßig verantwortliche Leute zur Verfügung stehen.

20. Juli 1946

1) Demontage der letzten Werkzeugmaschinen, sowie Beginn der Demontage der letzten Kräne in Halle I, III c und IV.

2) Erstmalig keine Essenabgabe.

3) Herr Vogler bespricht mit Herrn Rommel, daß 2 weitere Lokomotiven zur Reparatur kommen und daß weitere Transportwagen zur Verfügung gestellt werden.

4) Eingang von 10 Reparaturwaggons, weitere 50 sind unterwegs.

5) Es soll gemäß der früheren Abmachung und der Bestrebung des Herrn Vogler versucht werden, trotz der 100% Demontierung, die Waggon- und Lokomotivreparatur weiter zu betreiben.

Die Maschinenarbeiten müssen fremden Firmen vergeben werden.

6) Besuch des Herrn Dr. Schupp. Er bittet um eine schriftliche Bescheinigung, daß, wie seinerzeit besprochen, der Vertrag gekündigt ist. Die vorausgezahlte Miete geht zu beiderseitigen Lasten.

20. Juli 1946–15. August 1946, Sonntag

1) Demontage der restlichen Werkseinrichtungen und Abgang der letzten zwei Transportzüge.

2) Übergang zur Wiederaufnahme der Produktion.

Entlassung der gesamten Belegschaft und Übernahme dieser in die Mechanischen Werkstätten Freital – J. Vogler –.

Herr Vogler scheidet als Treuhänder aus und übergibt dieses Amt auf Betriebsratbeschluß Herrn Kirberg.

Betriebsversammlung: Herr Vogler spricht über die Weiterentwicklung unserer Arbeit.

Alle bisher gemachten Erfahrungen zeugen davon, daß noch nicht endgültig geklärt ist, ob die Gebäude der Freitaler Stahl-Industrie zum Abbruch kommen oder nicht.

Freital, den 15. August 1946

Bericht des neuen Treuhänders der FSI (Kurt Kirberg) über die Weiterentwicklung der FSI nach der Demontage (13. Oktober 1946)

Herr Ing. Vogler trat am 18. August 1946, also nach erfolgter Demontage, als Treuhänder aus der Firma und gründete das neue Unternehmen, die Mechanischen Werkstätten Freital, J. Vogler. An seine Stelle trat Herr Kirberg von der bisherigen Abteilung Betriebsbuchhaltung. Durch persönliche Vorsprache der Herren Vogler und Kirberg beim Amtsgericht Freital erfolgte die Eintragung des Treuhänderwechsels ins Handelsregister.

Der von der MWF mit übernommene Betriebsrat versieht weiterhin dieses Amt bei der FSI.

Nach fast restloser Übernahme der Belegschaft der FSI durch die MWF blieben noch bei der FSI 3 Pförtner, 2 Putzfrauen, 1 Hausmeister und 1 Platzarbeiter.

Die FSI hat sich als Hauptaufgabe zunächst einmal die Vermietung der Gebäude und Räumlichkeiten gestellt. Hier waren und sind sehr umfangreiche Instandsetzungs- und Aufräumungsarbeiten, die durch die Demontage bedingt sind, erforderlich. Diese Arbeiten werden durch die MWF auf Kosten der FSI durchgeführt.

Als erster und Hauptmieter trat die MWF auf, die auch die Produktion der FSI mit übernahm (Reparatur von Waggons- und Lokomotiven.) Bis Ende Oktober 1946 wurden insgesamt 13 Firmen im Werksgelände untergebracht. Es handelt sich um Firmen verschiedener Branchen. [Dokument 5]

Durch Ausbau der ehem. Telefon-Zentrale und des Pförtnerhauses konnten zusätzlich 2 Wohnungen geschaffen werden.

Mit der Firma Sächsisches Baustoffwerk in Gründung, vertreten durch die Herren Hentschel und Kunze, wurde ein Vertrag abgeschlossen, wodurch die FSI auf Grund geleisteter Konstruktions- und Entwicklungsarbeiten für die Steinholzplatten-Fertigung an dem neuen Unternehmen beteiligt wird.

Die im Werksgelände lagernden Rohmaterial-Bestände wurden am 13.8.1946 aufgenommen und durch die Firmen Fritz Herrmann zur Übergabe an die Landesverwaltung – Industrie-Kontor – übernommen. Das von der SGW bei der FSI eingelagerte Ringmaterial ist auf Veranlassung von Herrn Herrmann fast restlos abgeholt worden.

Im ehemaligen Kesselhaus wird ein 2. Flammrohr-Heizkessel für die Beheizung der Hallen eingebaut. Die Kosten tragen die MWF und FSI anteilig. Ein zweiter Kessel wird durch die Alpha-Seifen K.G. eingebaut, so daß das Kesselhaus seine alte Bestimmung wieder erhält. Die Verwaltung wird ebenfalls durch Einbau einer Dampfheizung wieder beheizt.

Bis zur Überwindung der durch die Nachkriegszeit bedingten Schwierigkeiten, wird im ganzen Werksgelände unter sehr ungünstigen und zum Teil primitiven Bedingungen gearbeitet. Sowohl die FSI als auch die einzelnen eingemieteten Firmen sind bestrebt, diese Schwierigkeiten zu überwinden und unter allen Umständen zu produzieren.

Im übrigen ist über den Bestand der FSI, die als C-Betrieb der Besatzungsmacht untersteht, noch in keiner Weise Klarheit geschaffen. Diese Ungewißheit muß bei allen Planungen berücksichtigt werden und bedeutet ein großes Hemmnis.

Bericht von Johannes Vogler über die Gründung und Entwicklung der Mechanischen Werkstätten Freital – Johannes Vogler –

Nach Ausscheiden des Erstgenannten und einigen Herren der Freitaler Stahl-Industrie, konnten diese sich zu einer Arbeitsgemeinschaft finden, die Herrn Vogler als Direktor des neuen Unternehmens, aus ihrer Mitte hervorhoben und verpflichteten ihn, die neue gegründeten „Mechanischen Werkstätten Freital", mit seinem Namen zu vertreten.

Die Gründung der Mechanischen Werkstätten Freital – J. Vogler – erfolgte am 15. August 1946. [Dokument 3]

Die Entwicklung der Mechanischen Werkstätten Freital – J. Vogler –

Nach Überwindung auch der letzten Schwierigkeiten und z.T. auch behördlicherseits, wurden bei der Firma Günter & Schnorrer in Schichten, auf gemieteten Werkzeugmaschinen, die notwendigen Investierungsarbeiten und solche, für die in Arbeit stehenden Lokomotiven, erledigt.

Es wurden noch weitere Gelder beschafft und bei der Firma Sening inzwischen unser eigener Maschinenraum hergerichtet.

Bei der Firma Kutzscher arbeiten noch fleißig unsere Männer an der Aufarbeitung von alten Maschinen.

Am 18. August konnten von der Freitaler Stahl-Industrie GmbH, an Stelle von geplanten 120 Mann, 220 Belegschaftsmitglieder übernommen werden, so daß nur ganz wenige unbrauchbare Leute entlassen wurden.

Inzwischen sind nun die Montageplätze in der Freitaler Stahl-Industrie GmbH aufgeräumt, unser eigener Maschinenraum konzentriert und die restlichen freien Räume der Freitaler Stahl-Industrie GmbH gemeinsam mit dem Treuhänder, Herrn Kirberg, so vermietet, daß nach Ablauf der Mietverträge, evtl. in späteren Jahren einmal, das Werk wieder als ein geschlossenes Ganzes, zur reinen Friedensproduktion Verwendung finden kann.

Ein Kochkessel und ein Küchenherd wurde beschafft und die Werksküche somit wieder eröffnet. Dazu kommt der Ankauf von Kartoffeln, der die Verpflegung bis März 1947 sichert.

Die mit der Reichsbahn abgeschlossenen Verträge sind zum Abschluß gekommen.

Mit Karlshorst, der SMA und der Reichsbahn-Direktion Dresden und Chemnitz werden Vereinbarungen getroffen, zur Übernahme größerer Mengen reparaturbedürftiger Schmalspurlokomotiven.

Im Augenblick stehen im Werk 10 Lokomotiven, im Werte von über 1 Million RM, zur Ausbesserung sowie 1 Privatlokomotive.

Jedoch hat sich die finanzielle Lage so verschlechtert, daß nur unter größter Sparsamkeit gewirtschaftet werden kann. Dies ist durch das Übergangsstadium zu begründen. Aber vorallem dadurch, daß wir erst eine Kesselschmiede organisieren müssen. (Ein Kesselschmied wurde aus Mecklenburg und ein Kesselschmied aus Frankfurt/a.M. geholt).

Die zur Reparatur befindlichen Kessel bei der Reichsbahn, heben [sic!] eine Terminverzögerung von über 2–3 Monaten, so daß keine Fertigstellung einer Lokomotive möglich war.

Außerdem muß in der Abteilung Waggonreparatur, die Ausbesserung von Reichsbahn-Personenschadwagen in Anlauf gebracht werden, da die Zulieferung von Schadwaggons wahrscheinlich in Kürze eingestellt werden wird.

Trotz allem wird jetzt im ehemaligen Kesselhaus wieder ein Heizdampfkessel gesetzt, zur Beheizung der Werkshallen sowie der Verwaltung, mittels Zentralheizung.

Die finanzielle Lage ist jetzt wieder katstrophal, hat aber ihren Tiefstand erreicht und es sind keine Befürchtungen zu erwarten, da wir gewöhnt sind, unter schwierigsten Bedingungen zu Schaffen und mit einem gesunden Optimismus an unsere eigene Kraft glauben und unbedingt alles daransetzen wollen, unserem Vaterland dort zu helfen, wo es unsere Kräfte am notwendigsten braucht.

Aufzeichnungen vom 15. September 1946 bis zur Verstaatlichung des Unternehmens im Oktober 1948

15. September 1946–4. November 1946

1) Herr Vogler schlägt dem Betriebsrat vor, zur besseren Verständigung zwischen Betrieb und Verwaltung, alle Belegschaftsmitglieder bis zum vollendeten 24ten Lebensjahr, in einem Lehrgang zusammenzufassen.

In diesem Lehrgang sollen die Abteilungsleiter des Betriebes sowie der Verwaltung, aus ihren Spezialgebieten, Vorträge halten.

Zugleich soll damit die Freude an der Arbeit geweckt werden. Außerdem sollen die jungen Leute dadurch den Wert der Arbeit erkennen lernen.

Bis heute wurde wöchentlich zweimal 1 Stunde dazu verwendet. Der Unterricht findet während der Arbeitszeit statt und wird bezahlt.

2) An der, in Freital stattfindenden „Wirtschaftsschau" vom 2.–13.10.1946, welche den Sinn hat, Freitals Industrieleistung des verflossenen Jahres zu zeigen, nehmen erstmalig die „Mechanischen Werkstätten Freital – J. Vogler –", teil. In einem Stand wurden verschiedene Entwicklungskurven vor und nach der Demontage der Freitaler Stahl-Industrie und die Muster der Erzeugnisse, welche in dieser Zeit hergestellt wurden [gezeigt].

3) Die Wiedereröffnung der Betriebsküche erfolgte nach Beschaffung eines Herdes und eines Kessels mit Kohlenfeuerung.

Es wurden für 4800,– RM Kartoffeln gekauft, damit ist die Kartoffelfrage bis März 1947 geklärt.

An der Verpflegung sind auch verschiedene, in der FSI stationierte Firmen beteiligt.

Die hierzu aufgewandten Gelder wurden aus Privatmitteln beschafft und sind bereits wieder abgestoßen.

4) Ankauf von 3 Bohrmaschinen bei der Firma Rockstroh, wovon eine komplettiert und verkauft wird. Dafür erhält die Firma Rockstroh von uns eine alte Vielstahldrehbank, die früher schrottwertig gekauft wurde.

5) Weiterer Ankauf schrottwertiger Maschinen von der Reichsbahn für insgesamt 6500,– RM. Davon wird ein Teil wieder hergestellt und verkauft werden.

Darunter befindet sich eine große Drehbank mit durchbrochenem Bett. Diese Bank wird besonders dringend benötigt, zum Drehen der Achssätze.

6) Die finanzielle Lage wurde bis zum Ersten geradezu katastrophal, sie klärte sich jedoch sofort, durch die Überweisung von 42000,– RM für die restlichen Reparaturrechnungen. Demgegenüber steht jedoch der Bedarf von 67000,– RM. Auf Grund der vorläufigen Planung wird im Monat November 1946 aber der Ausgleich geschaffen sein.

7) Die Frage der Reparaturen von Schmalspurlokomotivkesseln ist noch nicht geklärt, so daß der termingemäße Ausstoß von Lokomotiven noch nicht genau festliegt.

Außerdem wurden von der Reichsbahn auswechselbare Achslager verbohrt, so daß auch die für den 31. Okt. 46 gerechnete Maschine, erst um einige Tage später geliefert werden kann.

8) Die Privat-Lokomotive ist bis auf den Einbau der Radsätze fertig, dieselben liegen noch in Chemnitz und die Fertigstellung ist noch fraglich.

9) Wir sind gezwungen im Monat Oktober 1946 einige Werkzeugmaschinen aufzuarbeiten und zu verkaufen sowie einige Privat-Waggons für Firma Siemens und Feldbahnlokomotiven für Firma Funke & Co, zu reparieren.

10) Es wird besonders in der Verwaltung an der Wiederherstellung der Zentralheizung gearbeitet.

11) Der Kessel für die Dampfheizung ist fertig, bis auf die Roste, welche im November geliefert werden sollten, aber auf unbegrenzte Zeit nicht greifbar sind.

12) Die von Herrn Vogler versprochene Sozialkasse, welche vom Betriebsrat verwaltet werden soll, wurde dadurch ins Leben gerufen, daß der Betriebsrat am 4.11.1946 einen erstmaligen Betrag in Höhe von 300,– RM erhielt. [Dokument 4] Desweiteren wird dieser Kasse monatlich ein Zuschuß gewährt sowie laufend monatlich 12,– RM, für das Verleihen einer Nähmaschine, an eine Kleiderfabrik im Hause.

13) Da die Mechanischen Werkstätten Freital – J. Vogler – im Augenblick mit einem 20 KVA Skottsatz in den Räumen der Freitaler Stahl-Industrie arbeitet und dadurch gezwungen ist, ihre Arbeiten in Nachtschicht zu erledigen sowie weitere Stromentnahmequellen in nächster Zeit zum Einsatz kommen, wird nach verschiedentlichen Besprechungen von dem Kraftwerk Freital, ein 30 KVA Skottsatz gestellt, der gemeinschaftlich mit dem bisher, von der Zigarettenfabrik Schäfer gemieteten 20 KVA, einen Übergang schafft bis zur endgültigen geplanten 20 KV Anlage, welche in Vorbereitung ist und im Januar–Februar 1947 fertiggestellt sein soll.

Die zeichnerischen Unterlagen dafür sind vorhanden.

14) Z.Zt. sind im Grundstück Hütten-Straße 14, in beiliegender Aufstellung aufgeführte Firmen, eingemietet.

Außerdem wurden 4 Wohnungen und ein Quartier für einen Kesselschmied ausgebaut.

15) Der Betriebsrat beschließt mit Herrn Vogler die Festlegung eines Weihnachtskameradschafts-Abends. Zugleich wurde eine Kommission gebildet, die die notwendigen Vorbereitungen für den, dazu vorgesehenen 20. Dezember 1946, trifft.

16) Im Werk findet eine Typhus-Schutzimpfung statt.

17) Aus Gummiplanen, welche während der Demontage hier eingingen, werden für jedes Belegschaftsmitglied 1–2 Regenmäntel hergestellt und vergeben.

5. November 1946–6. November 1946

1) Verhandlungen mit Herrn Lange von der Reichspost wegen der Übernahme der Reparaturen an Reichspostbahnwagen.

2) Besuch des Herrn Baurat Köhler von der Reichsbahn, betreffs erhöhten Ausstoßes von Personenwagen.

3) Der Aufbau unserer Werkstelefon-Anlage wurde beschlossen.

4) Besuch des Herrn Steinkopf, betreffs An- und Verkauf einiger Maschinen.

5) Herr Rommel und Herr Abteilungspräsident Kode von der Reichsbahn, besichtigen unsere Fertigung.

7. November 1946

1) Der von Herrn Schmelter in Arbeit genommene Kessel hat heute Hebeschmaus.

Herr Vogler spricht mit dem Betriebsrat einige Worte und bleibt eine kurze Zeit mit diesen Leuten zusammen.

2) Die erste, von den Mechanischen Werkstätten Freial reparierte Lokomotive, geht heute auf Versuchsstrecke.

8. November 1946

1) Die erste Lokomotive besteht ihre Versuchsfahrt mit „sehr gut".

9. November 1946–22. November 1946

1) Nach Mitteilung der Reichsbahnbeauftragten hier im Werk sowie des Herrn Kegel, kann die Reichsbahn auf Grund von Zahlungsschwierigkeiten, keine weiteren Aufträge an Privatwerke vergeben.

Die 2 angelieferten Loks sollten bereits wieder zurückgezogen werden, jedoch wurde genehmigt, eine davon fertigzustellen, da wir diese rechtzeitig demontierten.

Da wir glaubten finanziell über die größte Krisis hinwegzusein, bekommen wir jetzt, sollte sich diese Zahlungsschwierigkeit auch auf die bereits gelieferten Arbeiten mit erstrecken, einen Ruin, der sich wahrscheinlich nicht ausmerzen läßt.

Wir werden versuchen müssen, schnellstens die konstruktive Durcharbeit für Holzbearbeitungsmaschinen und Werkzeuge vorzunehmen, um damit evtl. eine Überbrückung zu schaffen.

Desweiteren müssen wir unbedingt Baulokomotiven reparieren, um von unserer gegebenen Richtung nicht abzukommen.

Es müßte jedoch möglich sein, um die Kleinbahnstrecken vor dem totalen Ausfall zu schützen, eine Interessengemeinschaft mit den anliegenden Städten und Dörfern zu gründen, um diese finanziell zu sichern.

Herr Vogler wird, seiner Idee entsprechend, am Sonnabend, den 23.11.1946 mit der Reichsbahn anknüpfen.

2) Der 2 to Kochkessel wurde gegen 2 Feldschmieden, welche erst gekauft wurden, getauscht.

3) Für Fa. Siemens werden 3 Privat-Waggons repariert.

4) Der Anlauf von Holzbearbeitungsfräsern wird sofort in die Wege geleitet (zur Überbrückung).

23. November 1946

1) Herr Vogler und Herr Kegel haben in einer Besprechung mit den maßgeblichen Stellen der Reichsbahndirektion Dresden die von Herrn Vogler gehabte Idee besprochen und zugleich die Bestätigung erhalten, daß die Reichsbahn tatsächlich keinerlei Aufträge an die Mechanischen Werkstätten Freital – J. Vogler – geben kann.

Dem Zustand entsprechend müßten wir sofort 200 Arbeitskräfte entlassen, da die Produktion im Januar 1947 zum Erliegen kommen müßte und nur geringe Nebeneinnahmen zu erwarten wären.

Herr Abteilungs-Präsident Kode sowie Herr Inspektor Willenberg und andere Herren waren an dem von Herrn Vogler gemachten Vorschlag hoch interessiert und versprachen sofort zu versuchen, Herrn Hocker vom Dezernat 61–62 für unsere gemeinschaftliche Aufgabe zu gewinnen.

24. November 1946

1) Aussprache zwischen Herrn Hocker und Herrn Vogler in dessen Wohnung.

Es wird festgelegt, daß sofort sämtliche Privatfirmen die Aufträge gekündigt bekommen, außer der MWF.

Die MWF soll sofort wieder Schmalspurlokomotiven und Waggons (Personenwaggons) erhalten, außerdem wird die gesamte Schmalspur-Personen- und Güterwagen-Reparatur nach hier verlegt werden.

Dazu plant die Reichsbahn für ihre Zwecke eine eigene Kesselschmiede in unserer Halle I aufzubauen, welche zugleich die Reparaturen der MWF unterstützt.

Herr Hocker wird versuchen, neue Gelder freizubekommen, da ja die anderen Privatwerke ausfallen und bittet Herrn Vogler, seine von ihm vorgeschlagenen Wege, unabhängig von der Reichsbahn, an die Landesverwaltung weiterzugeben.

Die Verantwortung hierfür trägt jetzt allein Herr Vogler.

Herr Hocker wird der MWF einen erhöhten Gemeinkostenzuschlag genehmigen, sobald die Schmalspurwaggonreparatur untergebracht ist.

Die anderen Privatwerke haben fast alle bei der Reparatur um größere Sicherheit in den Verträgen und um Erhöhung des Gemeinkostenzusatzes von 170% gebeten.

2) Herr Vogler unterrichtete die Arbeitsgemeinschaft von dem Ergebnis, ebenso den Betriebsrat und weist auf das Risiko des Unternehmens hin.

3) Die Finanzlage des Werkes läßt im Augenblick gerade wieder die nächste Lohnzahlung zu.

4) Bis zum 25.11.1946 muß eine Liste mit Name, Wohnung, erlernter- und jetziger Beruf sämtlicher Belegschaftsmitglieder zum 2. Mal an die SMA gegeben werden.

27. November 1946

1) Unser umgebauter Personen-Lkw mit Anhänger wird von der technischen Prüfstelle abgenommen.

2) Der Lkw. V 8 befindet sich in einer mehrwöchigen Generalüberholung.

3) Ein von der Landesverwaltung eingesetzter Steuerprüfer überprüft das Werk auf Anlagekapital und Steuern.

2. Dezember 1946

1) Das Betriebskapital ist wieder so tief gesunken, daß kein Geld für die Gehälter da ist.

2) Aussprache zwischen dem Herrn Stadtkämmerer Baumgarten und Herrn Vogler wegen der Finanzierung des Schmalspurnetzes.

3. Dezember 1946

1) Die Reichsbahn bezahlt 1/3 der eingebrachten Rechnungen.

2) Der Rat der Stadt Freital bespricht das von Herrn Vogler erwähnte Projekt zur Finanzierung des Schmalspurstreckennetzes [Dokument 6] und läßt als Stellungnahme gelten, daß eine Möglichkeit nur dahingehend besteht, wenn ein komunaler Ausschuß gebildet wird, der den gewinnenden und unterhaltenden Faktor des Unternehmens darstellt und erbittet Stellungnahme des Herrn Abteilungspräsidenten Hocker.

3) Eingang der ersten, zur Reparatur kommenden Feldbahn-Lokomotive sowie Eingang der ersten zur Reparatur kommenden Bahnpostwagen.

4) Der Sachbearbeiter Herr Lange der Bahnpost-Direktion Dresden, händigt Herrn Vogler einen Vertragsentwurf aus.

5. Dezember 1946

1) Herr Wüstner, Kegel und Vogler besprechen Vorschläge zur Finanzierung der Schmalspur-Fahrzeugreparatur.

2) Herr Vogler unterbreitet die Vorschläge Herrn Ob.Reg.Rat Gottschalk bei der Landesverwaltung und findet hierbei größtes Interesse. [Dokument 7]

3) Zwecks Eintragung in das Handelsregister werden nochmals die Unterlagen an die Rechtsstelle Herrn Dr. Dilger gereicht. [Dokument 8]

4) In der kommenden Woche erfolgt nun die weitere Anlieferung von einigen Loks und Reparaturwaggons.

Einige angefangene Maschinen können weiter aufgearbeitet werden.

5) Die Produktion von 10 Holzbearbeitungsmaschinen (Fräsen) wird aufgenommen.

6) Der erste Bahnpostwagen wird fertiggestellt.

7) Der Lkw V 8 ist wieder einsatzbereit.

Der Personen-Lkw mit Anhänger ist ebenfalls in Betrieb.

12. Dezember 1946

1) Es wird in Erfahrung gebracht, daß die Werke Busch, Wumag und Werdau sowie andere Privatwerke die Rechnungen an die Reichsbahn zu hoch eingesetzt haben, sodaß von Seiten der russ. Behörde ein Zahlungsstop erfolgte. Daraufhin erhielt die MWF, obwohl deren Rechnungen einwandfrei sind, vorerst wieder kein Geld.

Nach mehrmaliger Rücksprache zwischen Herrn Vogler und den Reichsbahnstellen ist noch nicht zu sagen, wann die Rechnungen bezahlt werden können.

14. Dezember 1946

1) Rücksprache zwischen Herrn Vogler, Reisinger und Herrn Weißflog von dem Reichsb.Masch.Amt betr. Beschaffung eines Trafos.

Es wird vereinbart, daß wir einen Trafo von der Reichsbahn leihweise bekommen und diesen zur Umwicklung nach der Fa. Sachsenwerk geben können.

Wir müssen jedoch später der Reichsbahn eine Miete zahlen und hoffen uns aber, das Vorkaufsrecht für später zu sichern.

15. Dezember 1946

1) Herr Vogler richtet ein Bittschreiben an Herrn Dipl.Ing. Hocker pri-

vat, um wenigstens 15000,– RM auf seine Verantwortung zur Zahlung der Löhner freizubekommen.

20. Dezember 1946

1) Am heutigen Tag wurde ein Weihnachts-Kameradschaftsabend durchgeführt, bei dem ca. 600 Karten vergeben werden konnten. Es kamen 300 Geschenke für die Belegschaftsmitglieder und 8 Stück Zigaretten pro Kopf zur Verteilung.

Eine Künstlertruppe sowie ein gutes Orchester umrahmten mit ihren Darbietungen den Abend.

Die Gestaltung des Abends hatte viel Anklang gefunden.

21. Dezember 1946

1) Infolge zu großer Kälte wurde den Belegschaftsmitgliedern anheimgestellt, die Arbeit einzustellen. (20° minus). Damit aber der Betrieb nicht zum Erliegen kommt, wurde um freiwillige Beteiligung gebeten und so arbeiten ca. 2/3 der Belegschaft weiter.

Zwischen Weihnachten und Neujahr war ein Sicherheitstrupp von 15 Mann täglich beschäftigt.

2. Januar 1947

1) Herrn Vogler wurde von Seiten der Reichsbahn ein Schreiben vorgelegt, welches von der SMA Berlin, von der Hauptverwaltung der Deutschen Reichsbahn Berlin, an die Deutsche Reichsbahn Dresden gerichtet war. Dieses Schreiben besagt, daß die Mechanischen Werkstätten Freital weiterhin für die Lokomotivreparatur eingesetzt werden müssen und zwei Garnituren Lok-Teile bei den RAWs Chemnitz und Dresden insofern aufgearbeitet werden müssen, falls die Mechanischen Werkstätten Freital noch nicht genügend Einrichtungen dazu haben.

2) Von Seiten der Rayongesellschaft wurde Herrn Vogler mitgeteilt, daß die Werkshallen der Freitaler Stahl-Industrie abgebrochen werden.

3) Herr Kirberg als Treuhänder der Freitaler Stahl-Industrie, Herr Richter als Betriebsrat, Herr Vogler als Direktor der MWF, nahmen Rücksprache bei dem Vorstand der SED und bei der Kreisleitung der SED Abteilung Wirtschaft über den augenblicklichen Zustand. Es wurde sogleich ein Bericht verfaßt, der zur Beratung an die Landesverwaltung gegeben wird.

Herr Vogler und Herr Richter nahmen anschließend Rücksprache bei der Landesverwaltung Herrn Dr. Dilger, Abteilung Rechtsberatung, betr. der schriftlichen Produktionsgenehmigung.

Herr Dr. Dilger verspricht, diese Bescheinigung am 4.1.1947 der MWF zuzustellen und Herrn Ludwig von der Industrie und Handelskammer am gleichen Tag ebenfalls diese Bescheinigung auszuhändigen.

Herr Vogler besucht Herrn Ludwig von der Industrie- und Handelskammer und unterrichtet ihn über die Zustellung dieser Bescheinigung und bittet nochmals um die sofortige Eintragung in das Handelsregister. Herr Ludwig versprach, dies nun endgültig vorzunehmen.

Herr Vogler erfährt bei der Landesverwaltung, daß die FSI dem Erdboden gleich gemacht werden soll.

Es herrscht eine gewisse Nervosität unter der Belegschaft, wir werden aber die Situation wieder überwinden.

4) Im Augenblick befinden sich im Werk an Lokomotiven und Waggons ca. 1,5 Mill. Werte, welche bei Abbruch der Deutschen Reichsbahn verlustig gingen.

3. Januar 1947

1) Herr Vogler nimmt mit Herrn Kegel Rücksprache bei der Reichsbahn, Herrn Kode und unterrichtet ihn von diesem Vorfall.

Von Erstgenannten wird vorgeschlagen, einen Bericht an die Hauptverwaltung Berlin der Deutschen Reichsbahn, mit der Bitte um Weitergabe an Karlshorst, zu geben.

Die Reichsbahn verspricht, einen Sonderkurier mit einem Begleitschreiben mit nach Berlin zu schicken, da andernfalls das sächs. Schmalspurnetz zum Ausfall kommt.

2) Nochmaliger Besuch bei der SED.

Die Unterlagen wurden dem Sachbearbeiter Herrn Spirra gegeben, derselbe war nicht anzutreffen.

3) Ein russ. Major legt den Abbruchbefehl vor und weist daraufhin, daß sich der Abbruchbefehl vorallem auf die Hallen erstreckt, in welchen die früheren mechanischen Fertigungen waren.

4) Es wurde bekannt, daß dies der 4te Abbruchbefehl sei.

5) Oben genannter Major betont, daß auch er, wie sein Vorgänger, nicht viel Interesse daran habe, da auch er wie dieser, der Meinung ist, daß zu wenig Ausbeute an Eisenkonstruktionen zu erwarten sei.

4. Januar 1947

1) Herr Vogler und Herr Heinz besuchen Herrn Ob.Reg.Rat Gottschalk von der Landesregierung, Amt für Verkehr und Schienenwege (Deutsche Reichsbahn) und unterrichten ihn von dem Abbruchbefehl. Genannter Herr verspricht, umgehend das Werk zu besuchen und Herrn Minister Selbmann zu unterrichten mit dem Hinweis, welche enormen wirtschaftlichen Störungen dadurch eintreten würden.

2) Herr Dr. Dilger, Landesregierung bestätigt, daß die Fertigungsbescheinigung der MWF bereits per Post abgeschickt sei.

3) Zugleich erfolgte ein Besuch bei der Reichsbahn.

Dort wurde bestätigt, daß auch Herr Hocker von diesem Bericht nach Berlin unterrichtet ist und diesem zustimmt.

4) Der Betrieb kann jetzt nur noch 4 Stunden täglich arbeiten, da in den ungeheizten Hallen eine Temperatur von minus 20° C herrscht. Dazu kommt noch eine ziemlich belastende Demontagestimmung.

6. Januar 1947

1) Eingabe des Berichtes an die Reichsbahn.

2) Verschiedene Herren der Rayon-Gesellschaft besichtigen das Werk.

3) Besuch bei Gen. Spirra, SED. Derselbe hält einen großen Vortrag über Kontrollratsbefehle, und wir finden kein Verständnis. Er sagt, es gäbe wichtigere Betriebe als unseren. Vor 100 Jahren hätte es keine Eisenbahn gegeben, und dann müssen wir eben unsere Kartoffeln mit dem Handwagen holen. Unser ihm zugeschickter Bericht lag noch ungelesen im Schreibtisch. Er verlangt einen neuen Bericht.

Wir sind über die Haltung dieses Genossen erschüttert und geben dies zur Stellungnahme der Partei.

7. Januar 1947

1) Ein Sonderkurier der Reichsbahn fährt mit unseren Eingaben nach Berlin.

2) Im Betrieb arbeitet vorläufig alles weiter, da der verantwortliche Offizier für den Abbruch genehmigte, solange in unseren Werkstätten arbeiten zu dürfen, bis daß unsere Montagehalle zum Abbruch kommt.

3) Besuch des Herrn Sommer von der Außenstelle der Landesregierung, welcher Unterlagen auf deutsch und russisch verlangte, um diese den russ. Behörden zu unterbreiten, damit eine evtl. Spannung verhindert wird.

8. Januar 1947

1) Es wird ein Ferkel gekauft, um dieses bei irgendeinem festlichen Anlaß für die Belegschaft zu schlachten, und um die Küchenabfälle besser zu verwerten.

2) Herr Hentschel von der geplanten „Sächs. Baustoff GmbH“ fährt nochmals ohne Erfolg zur SED.

3) Auf Grund des Abschlusses der Entnazifizierung bittet ein Offizier um die Bildung eines Entnazifizierungs-Komitees und stellt die Forderung der sofortigen Überarbeitung und der Zusendung des Ergebnisses an die Kommandantur. In unserem Betrieb sind 35 ehemalige Pgs.

4) Herr Vogler bekommt zu erfahren, daß die Reichsbahn alle zur Reparatur befindlichen Lokomotiven entziehen will und versteht, diese Anordnung aufzuhalten.

9. Januar 1947

1) Nochmalige Unterrichtung der Stadt Freital von dem Abbruchbefehl, ohne von dieser Seite Hilfe zu erwarten.

2) Rücksprache der Herren Vogler und Heinz MWF und Herrn Kirberg FSI bei der schon erwähnten Außenstelle der Landesregierung mit den gewünschten Unterlagen.

Herr Sommer verspricht nochmals, alles daranzusetzen, um den Russen auf die Wichtigkeit hinzuweisen.

3) Am Abend erhielt Herr Vogler durch die Post endlich den schon lang erwarteten Produktionsgenehmigungsbescheid der Landesregierung. Damit ist bewiesen, daß nun die Eintragung in das Handelsregister erfolgt. [Dokument 9]

10. Januar 1947

1) Herr Vogler wird zur Kommandantur bestellt.

3 russ. Offiziere, im Beisein des Kommandanten machen ihm den Vorwurf, daß er ohne Produktionsgenehmigung arbeiten läßt und wird sehr heftig, da die FSI ausdrücklich Arbeitsverbot hat und jetzt zum Abbruch kommt.

Herr Vogler erklärt, daß seine Aufgabe der MWF gilt, welche auf seinen Namen läuft und er nichts gemein hat mit der FSI. Herr Vogler betont ausdrücklich, daß er diese Räume nur gemietet hat und an die FSI Miete zahlt. Nachdem Herr Vogler seine, am Vortag erhaltene Produktionsgenehmigung vorlegt, entläßt man ihn ohne irgend welchen Bescheid.

Hierbei ist Herrn Ob.Reg.Rat Dr. Dilger der Vorwurf zu machen, wenn nur um einen Tag die Produktionsgenehmigung, um die wir seit Monaten bitten (obwohl diese von höchsten Stellen befürwortet wurde), später gekommen wäre, so hätte unser Werk, unsere Arbeit und die Person des Herrn Vogler auf dem Spiel gestanden.

Genannter Herr war der Meinung, da er gehört hatte, daß die FSI doch abgebrochen werden soll, sich nicht erst die Mühe zu machen brauchte, uns einen Satz zur Produktionsgenehmigung zu schreiben.

Erst Herr Lange vom Amt für Planung hat es ihm klarmachen müssen, daß wir ja für unsere Produktion dieses Schreiben benötigen.

2) Wir befürchten auf Grund verschiedener Aussagen, daß einige deutsche Leute daran interessiert sind, das Werk in ein günstigeres Licht zu stellen als es ist, um russ. Demontagestellen besonders daran zu interessieren, um sich dabei zu bereichern.

3) Der Betrieb arbeitet erstmalig wieder 6 Stunden, da die Kälte nachläßt.

4) Besuch des Herrn Ob.Reg.Rat Gottschalk, er war für unser Unternehmen stark interessiert und zeigte besondere Aufmerksamkeiten für den

Maschinenpark, welchen wir außerhalb des Grundstückes der Hüttenstraße 14 aufgestellt haben und versprach, sich mit der Hauptverwaltung Berlin in Verbindung zu setzen und sofort alles zu tun, um die MWF zu sichern.

11. Januar 1947

1) Herr Vogler erhält über die Dolmetscherin der Abbruch-Gesellschaft den Bescheid, daß die Kommandantur mitteilen läßt, daß der Abbruch zum 4ten Mal abgelehnt wurde und unser Betrieb im vollem Umfang weiterarbeiten kann.

2) Herr Vogler unterrichtet sämtliche daran interessierten Stellen und läßt alle Berichte weitergehen.

3) Es müssen 20 Mann entlassen werden, da sich diese im Betrieb nicht bewährt haben.

13. Januar 1947

1) Eingabe des am Sonntag, den 12.1.47 ausgearbeiteten Berichtes, deutsch – russisch an die Landesregierung und die schon einmal erwähnte Außenstelle. [Dokument 11]

2) Herrn Vogler und Herrn Kirberg wird bestätigt, daß die Arbeit wahrscheinlich Erfolg haben wird.

3) Ein erneuter Fragebogen ist am Mittwoch, den 15.1.47 abzugeben.

14. Januar 1947

1) Die Abteilung Waggonreparatur erhält ein Soll von 90 Waggons für Januar.

2) In Arbeit befinden sich im Augenblick:
ca. 70 Waggons
8 Lokomotiven
1 Privat-Baulok
10 Personenwagen
2 Bahnpostwagen (der 1. Wagen wurde vor wenigen Tagen an die Bahnpost geliefert)
einige Drehbänke zur Aufarbeitung
10 Holzbearbeitungsmaschinen (Fräsen)
3 Holzbearbeitungs-Kreissägen
2 Holzbearbeitungsmaschinen kombiniert
fräsen, sägen und bohren
außerdem wird unsere Schiebebühne fertiggestellt
1 Schmiedefeuer wird aufgebaut
1 Satz Hebeböcke wird fertiggest. 40 to
1 15 to und
1 kleinere Drehbank wird repariert und in Gang gesetzt

2 elektrische Härteöfen werden in unserer Außenstelle Senking aufgesetzt
Anlauf einer kleinen Holzfräser-Produktion

15. Januar 1947

1) Der verlangte Fragebogen vom 13.1.47 Punkt 3 wurde abgegeben.

2) Es werden laufend Bücher für die Eröffnung einer Werksbücherei gesammelt.

16. Januar 1947

1) Unsere ehemaligen Pgs können im Betrieb ungehindert weiterarbeiten.

2) Die Reichsbahn bezahlt laufend ihre Rechnungen.

3) Herr Vogler erfährt, daß der seinerzeit ausgearbeitete Finanzierungsplan zur Regelung nach Berlin kommt, und daß wahrscheinlich die Reichsbahn Sonderzuschüsse von der Zentralverwaltung Berlin erhält.

18. Januar 1947

1) Herr Vogler wird unterrichtet, daß der 5. Abbruchbefehl nun endgültig vorliegt und es soll auch sofort begonnen werden.

2) Herr Vogler, Kirberg und Heinz unterrichten die Außenstelle der Landesregierung Herrn Sommer. Dieser hat inzwischen von der russ. Stelle noch keinen Bescheid erhalten. Setzte sich aber sofort mit ins Auto und fuhr mit zur Landesregierung, Herrn Liebscher.

Von hier wurden zwei Fernschreiben nach den Hauptverwaltungsstellen Berlin geschickt mit dem Hinweis, daß der Abbruch beginnt.

3) Herr Sommer fuhr noch zu Herrn Hocker, Reichsbahn.

Zufällig kam von Berlin, gemäß unserer früheren Eingabe vom 6.1.47, ein telefonischer Anruf, daß wir dieselben Unterlagen sofort nach dort zu schicken haben.

19. Januar 1947

1) Herr Vogler nimmt Rücksprache mit der Dolmetscherin der Rayon-Gesellschaft.

Auf Grund verschiedener Hinweise wird unsere Angelegenheit in der bisherigen Form weiterbearbeitet.

2) Ein Sonderkurier der Deutschen Reichsbahn bringt die geforderten Unterlagen nach Berlin.

Unterrichtung des Herrn Sommer

Unterrichtung des Herrn Liebscher, welcher nochmals ein Fernschreiben, auf die Dringlichkeit hinweisend, nach Berlin aufgibt.

3) Die Industrie- und Handelskammer verlangt zur Eintragung in das Handelsregister außer der Bescheinigung zur Genehmigung und Errichtung einer Produktionsstätte, auch noch eine Genehmigung zur Eröffnung der Produktion.

Herr Vogler unterrichtet die Herren von ihrem Blödsinn und erfährt, daß die Eintragung in den nächsten Tagen stattfindet.

4) Rücksprache bei Herrn Hentschel, Bauplattengesellschaft.

20. Januar 1947

1) Herr Vogler, Kirberg und Richter hängen an die Pforte einen Befehl an die Arbeiterschaft, daß sie sich der Demontage zur Wehr setzen sollen, gegenüber deutschen Stellen mit den Worten:
Werksangehörige! Schützt Euere Produktionsstätte!
Gemäß Befehl des Marschall Sokolowskij wurden alle Demontagen eingestellt!
Mit welchem Recht sollen nun unsere Werkshallen demontiert werden?
Arbeiter schützt Euere Betriebe gegen Saboteure am Volksvermögen!
Wir protestieren gegen derartige Willkür und nehmen an keiner Demontage teil.
Werkfremden ist der Zutritt verboten!
gez. Kirberg gez. Vogler gez. Heinz

21. Januar 1947

1) Herr Ludwig von der Industrie- und Handelskammer bestätigt, daß die Unterlagen zur Eintragung in das Handelsregister nach Freital gegeben worden sind.

2) Herr Vogler, Kirberg und Fleischer fahren, nach einer harten Auseinandersetzung mit dem Stadtkommandanten von Freital, mit einer Resolution der Arbeiter nach der Zentralkommandantur Dresden.

3) Ein Herr der Landesregierung, welcher die Herren begleitet, besorgt von Herrn Liebscher die Abschriften der Fernschreiben nach Berlin.

4) Die Zentralkommandantur bestätigt, daß keinerlei Aufschub, auch nicht eine Stunde, möglich wäre.

5) In einer Betriebsversammlung zwischen dem FDGB, der Rayon-Gesellschaft, der MWF und der FSI wurde zum Ausdruck gebracht, daß die MWF verlangt, wenn der Abbruch erfolgt so abzubrechen, daß sie die Möglichkeit hat, sich aus den abgebrochenen Teilen eine neue Produktionsstätte zu schaffen.

Die Rayon-Gesellschaft verlangt die sofortige Beseitigung des am 20.1.47 ausgehangenen Schildes, was der Stadtkommandant bereits als Anspielung zu einer Revolte bezeichnete.

6) Der Abbruch soll am 22.1.47 beginnen.

7) Wir rechnen noch stark mit einer günstigen Entscheidung aus Berlin, da der alliierte Kontrollrat die Rüstungsbetriebe besichtigt hat und lt. Zeitungsbericht am 18.1.47 diese Überprüfung beendet.

8) Herr Henker war mit in Hirschfelde Gas holen und teilte mit, daß nunmehr das Karbidwerk eine russ. A.G. geworden ist und wir nun keine Zuteilung mehr erhalten können.
Unser monatlicher Bedarf beträgt:
120 Flaschen Sauerstoff
90 Flaschen Gas

9) Verteilung von je 3 Zigaretten an jedes Belegschaftsmitglied.

10) Veröffentlichung in der Sächsischen Zeitung, über die Freude, welche die Belegschaft der MWF über den Befehl des Marschall Sokolowskij zum Ausdruck bringt. [Dokument 10]

Jedoch hat sich inzwischen die Lage so verschärft, daß durch den Befehl unser Werk zum Abbruch kommt.

Wir nehmen an, daß wahrscheinlich keine russ. Stelle, die den Abbruch immer wieder aufgeschoben hat, dies mehr verantworten kann.

11) Besprechung wegen Abschluß eines Vertrages mit der Reichspost.

12) Herr Hoffmann, welcher dem Betriebsrat angehörte und zur Arbeitsgemeinschaft verpflichtet war, scheidet aus unter verschiedensten Hinweisen. Die aber alle nicht stichhaltig sind und eigentlich nur den Beweis darstellen, daß er glaubt, sich in der Bauplatten-Gesellschaft eine gute Position sichern zu können.

Er erlaubt sich sogar die Äußerung, daß die MWF in der FSI nur eingemietet sei und die Bauplatten-Gesellschaft hätte bereits ein diesbezügliches Dokument von Herrn Minister Selbmann in der Tasche.

Die Verdienste der MWF an der FSI streitet er als kontra dafür, daß er oft von Herrn Vogler zur Arbeit angehalten werden mußte, ab.
Die Arbeitsgemeinschaft besteht jetzt noch aus:
Herrn Vogler
Herrn Linhart
Herrn Wüstner
Herrn Heinz.

22. Januar 1947

1) Herr Stadtrat Scheibner besucht uns und bittet um Vorschläge, wie die abgebrochenen Materialien vergeben werden können.

Wir schlagen vor, nach Genehmigung der Landesregierung den Abbruchsverlauf ordnungsgemäß zu überwachen. Dadurch wird eine einwandfreie Verteilung der erhaltenen Baustoffe garantiert.

2) Der FDGB erkundigt sich nach dem Abbruch.

23. Januar 1947

1) Herr Minister Selbmann will wissen, wer den Abbruchbefehl unterzeichnet hat.

2) Herr Vogler und Herr Kirberg nehmen Rücksprache mit Herrn Stadtrat Hoffmann, Industrie Dezernat und Herrn Wahl Amt für Wirtschaft.

Anschließend fährt Herr Wahl mit obengenannten Herren von der MWF und FSI zu Herrn Sommer Lrg. Außenstelle (Lrg. = Landesregierung).

3) Vorsprache bei dem Landesvorstand der SED.

4) Die Unterlagen für die Zentralverwaltung Berlin werden fertiggestellt und gehen durch einen Sonderkurier, gemäß der Vereinbarung vom 18.1.1947, nach Berlin.

24. Januar 1947

1) Herr Vogler besucht die Herren Liebscher, Gottschalk, Sommer und erhält endlich die Möglichkeit bei Herrn Minister Selbmann vorzusprechen. Dieser hat inzwischen festgelegt, daß der Herr Landesvorstand von der SED Könen, Herr Ministerialdirektor Fellich und Herr Vogler bei Herrn General Dubrowskij vorsprechen sollen.

2) Ein Herr der Landesverwaltung war beim Abbruchstab in Leipzig, leider ohne Erfolg.

3) Die Rayon-Gesellschaft räumt ihre Verwaltung ein.

25. Januar 1947

1) Herr Vogler beschließt, mit Herrn Henschel nach Berlin zu fahren. Die Fahrt verschiebt sich um mehrere Tage, da kein Fahrzeug und kein Benzin aufzutreiben ist.

2) Die Rayon-Gesellschaft beginnt mit 300 Mann den Abbruch und will auf 1000 Mann steigern.

3) Die Kohlen sind bis auf wenige Zentner verbraucht.

4) Lt. Anordnung des Herrn Major Samsonow dürfen nur Gegenstände das Werk verlassen, die von Herrn Vogler oder Hünich unterschrieben sind.

Der leitende Major verlangt gemeinschaftliches Arbeiten mit der Abbruch-Gesellschaft.

5) Die Belegschaft arbeitet trotz 20° Kälte.

27. Januar 1947

1) Herr Vogler spricht wieder bei Herrn Liebscher in der Lrg. vor. Evtl. fährt Herr Sommer mit nach Berlin.

2) Ein russ. General besichtigt die Werkstätten und ist erstaunt über die Leistung der Männer, daß sie trotz größter Kälte arbeiten.

3) Die Abbruch-Gesellschaft stellt deswegen vorläufig den Abbruch ein.

4) Die Ausfallzeiten sind so enorm durch Kälte und Kohlenmangel, daß diese einige 1000,– RM betragen.

5) Ob.Regierungsrat Genau will sich nochmals bei der Lrg. einsetzen, daß die früher genannten drei Herren bald beim General Dubrowskij vorsprechen können.

6) Herr Hoffmann und Herr Kunze Bauplatten-Gesellschaft und Herr Vogler spricht bei dem SED Vorstand vor und erhält eine Fürsprache für den Zentralvorstand der SED Berlin.

29. Januar 1947

1) Die Beschaffung des Fahrzeuges nach Berlin macht enorme Schwierigkeiten.

Die Unterstützung der Stadtverwaltung fehlt hier, wie auch bei allen anderen Unternehmungen zur Erhaltung unserer Produktionsstätte.

2) Auf Grund des vor einigen Tagen stattgefundenen Offiziersbesuches seitens einer russ. Behörde, wurde eine Fürsprache für unser Werk erreicht.

3) Die Lage erscheint uns im Augenblick wieder günstiger und wir werden nicht nachgeben, solange noch ein Fünkchen Hoffnung vorhanden ist.

4) Wir erhalten die Bestätigung, daß die ehemaligen Pgs. vollberechtigt eingesetzt werden können.

5) Es ist trotz größter Mühe keine Kohle zu bekommen.

6) Herr Baumeister Bouschka, welcher die FSI gebaut hat, soll die Überwachung der Baumaterialien nach dem Abbruch übernehmen, lehnt dies aber ab.

30. Januar 1947

1) Herr Vogler erstattet dem gesamten Betriebsrat und Herrn Linhart von der Arbeitsgemeinschaft den Vierteljahresabschlußbericht und weist darauf hin, daß auf Grund der bisher gemachten Unterlagen es möglich sein wird, den Betrieb günstig zu entwickeln.

31. Januar 1947

1) Fahrt nach Berlin findet statt. Das Fahrzeug wird von einem Autoverleih übernommen.

Herr Vogler benachrichtigt Herrn Henschel, derselbe kann aber leider nicht mitfahren.

Abfahrt nach Berlin 5 Uhr zur Deutschen Zentralverwaltung Berlin.

Herr Dittrich von der DZVI, der Sachbearbeiter unserer Angelegenheit, entschließt sich, auf Grund des Fotos, welches deutlich die Holzdachkonstruktion zeigt, sofort mit nach Karlshorst zu fahren.

Durch den Dolmetscher Herrn Architekten Heinrichs gelingt es uns, zu Herrn Major Hajet von der Abtlg. des Herrn Samarajew (wirtschaftliche Abrüstung) zu kommen. Das ist die letzte Instanz, die über unser Werk entscheidet. Dort erfahren wir, daß der eigentliche Abbruchbefehl des gesamten Werkes, einschließlich der Verwaltung, Pumpenhaus, Gaszentrale, Trafostation und sonstigen Nebengebäuden noch in Karlshorst liegt und erst in den nächsten Tagen zugestellt werden soll.

Die dadurch gefährdeten kleineren Firmen sollen vorläufig dahingehend unterrichtet werden, daß mit dem Abbruch zu rechnen ist.

Am kommenden Mittwoch erhalten wir diesbezüglich endgültigen Bescheid. Evtl. müssen die anderen Firmen in der FSI einen Antrag stellen.

Herr Vogler macht immer wieder darauf aufmerksam, daß er vor allem größten Wert auf die Halle III legt und beim Abbruch dieser Halle das sächs. Schmalspurnetz ausfällt.

Herr Major Hajet macht uns den Vorschlag, die Eisenträger selbst zu demontieren und das Dach durch Holzträger zu stützen. Er verlangt genaue Angaben, in welcher Zeit das zu schaffen wäre.

Herr Vogler gibt an, 3 Monate zu benötigen, worauf der Dolmetscher es in 1½ Monaten verlangt. Herr Vogler geht darauf ein und muß Herrn Major Hajet dafür garantieren.

Es würde dann nur die Halle III stehen bleiben.

Herr Major Hajet versucht diesbezüglich mit dem Stab in Leipzig zu telefonieren, was ihm leider nicht gelingt.

Es besteht auch noch die Möglichkeit, die 12 Träger der Verladerampe zu erhalten, wenn es uns gelingt, dafür andere zu beschaffen.

Die Verhandlungsweise des Herrn Heinrichs und Herrn Dittrich mit Herrn Major Hajet ist so ausgezeichnet, daß es Herrn Heinrichs sogar möglich ist, die nächste Woche stattfindende Sitzung, in welcher der Entscheid über unser Werk fallen soll, auf Sonnabend, den 1.2.1947 14 Uhr festzulegen.

Nach Abschluß der Verhandlung versichert Herr Heinrichs, uns sofort telegrafisch von dem Ergebnis der Verhandlung zu unterrichten.

Er erbietet sich sogar, uns sofort mit Zement zu beliefern, wenn es gelingt, die Halle zu retten.

Im Allgemeinen ist man sehr verwundert, daß sich die Stadt Freital nicht intensiver darum kümmert und uns so wenig unterstützt.

1. Februar 1947

1) Herr Liebscher von der Lrg. gibt ein neues Fernschreiben, auf die Dringlichkeit hinweisend, nach Berlin und erwähnt, daß nach Mitteilung

von Herrn General Dobrowskij an den Landesvorstand der SED Herrn Könen, die Halle III und IV erhalten bleiben soll.

2) Der FDGB veröffentlicht einige Nachlässigkeiten des Betriebsratsvorsitzenden der MWF, welche aber jeglicher Grundlage entbehren und Richtigkeit fern sind. Es wurde beschlossen, daß die Zeitschrift diese Angelegenheit berichtigen muß.

3) Die Kreisleitung des FDGB unterrichtet uns, daß General Dubrowskij Angaben gemacht hat und wir uns sofort mit ihm in Verbindung setzen sollen, falls diese Hallen zur Demontage kommen sollten.

4) Die Fahrbereitschaft und unser Lastwagen fahren trotz Lieferanweisung vergeblich nach Kohle.

5) Das Soll von 90 Waggons konnte nicht geschafft werden, da die Waggons erst am 13.1.47 eingingen.

Es wurden 61 Waggons geliefert.

3. Februar 1947

1) Die Dolmetscherin der Rayon-Gesellschaft fragt an, ob wir einen schriftlichen Bescheid von Berlin haben, da ihr russ. Chef mit der Demontage beginnen möchte.

2) Wir warten noch immer auf den telegrafischen Bescheid von Berlin.

3) Die Kälte hält noch an.

4. Februar 1947

1) Das Telegramm von Berlin ist noch nicht eingetroffen.

2) Herr Major Samsonow will mit dem Abbruch bis Montag warten, da er von Herrn Vogler erfährt, daß er mit Major Hajet in Berlin gesprochen hat.

3) Herr Vogler berichtet dies dem FDGB, welcher verspricht, dies zusammen mit der Lrg. Herrn General Dubrowskij zu unterbreiten.

Dieser hatte zugesagt, sofort einzugreifen, wenn unsere Produktionsstätte angegriffen wird.

4) Herr Vogler bespricht eine 2. Fahrt nach Berlin mit Herrn Wehner, Alpha Seifenfabrik.

5) Die Rayon beginnt das Dach der Halle 2 abzureißen.

6) Ein gebrauchter Shapinghobler wird gekauft und aufgearbeitet werden.

7) Da das Telgramm von Berlin noch nicht eingetroffen ist, unterrichtet Herr Vogler Herrn Heinrichs Berlin telegrafisch und bespricht mit ihm telefonisch, daß die Herren der ZVI nochmals in Karlshorst vorstoßen, um etwas Positives zu erzwingen. Der Major der Abbruchgesellschaft stellt nur

die Demontage auf Grund eines schriftlichen oder telefonischen Befehls, um den er sich aber selbst nicht kümmert, ein.

8) Der Betriebsrat und Herr Vogler gibt der Belegschaft den Viertel-Jahresbericht bekannt.

Herr Vogler unterbreitet seinen Plan und betont ausdrücklich, daß unter allen Umständen ein Teil des Werkes gehalten werden muß.

5. Februar 1947

1) Herr Vogler erfährt vom Amtsgericht, daß die Eintragung in das Handelsregister erfolgt ist. [Dokument 12]

2) Uns wird mitgeteilt, daß wir aus unserem Zentralmagazin im Kammergut Döhlen ausziehen müssen, da dieser Teil des Gebäudes für einen Neubauern benötigt wird.

3) Von Berlin trifft ein Telegramm ein, durch welches die Bauunterlagen für den Umbau der Halle III verlangt werden.

4) Der Entscheid für die Erhaltung des Werkes ist noch nicht gefallen.

6. Februar 1947

1) Herr Baumeister Bouschke spricht zusammen mit Herrn Vogler den Umbau der Halle III durch. Die Kosten dieses Umbaues werden sich auf ca. 40000,– RM belaufen.

Wir werden es unter allen Umständen versuchen, die komplette Halle zu erhalten und die russ. Herren von diesem Vorhaben abzubringen.

2) Herr Ministerialdirektor Fellich ruft an, daß er es erneut, zusammen mit der SED, versucht hat, bei General Dubrowskij vorzusprechen und teilt uns offiziell mit, daß der Abbruch der Halle III und der weiteren Gebäude nicht aufzuhalten ist. Er bittet uns, dies unserer Belegschaft mitzuteilen.

Wir werden dies nicht tun, sondern, wie schon diesem Herren bestätigt, alles daran setzen, den Teil unserer Hallen zu erhalten.

7. Februar 1947

1) Die Fahrt nach Berlin wird auf Montag, den 10.2.47 festgelegt.

2) Herr Baumeister Bouschka bringt die Unterlagen für den Umbau der Halle III.

3) Die Rayon verlangt weitere Unterbringungsmöglichkeiten für ihre Belegschaft.

Es wird unsere Garderobe freigemacht und wir ziehen in unseren Sitzungssaal.

4) Es wurde ein großer Ventilator von 2 m ∅ angeschafft, den wir für den nächsten Winter in unserem Kesselhaus aufstellen wollen, um damit Heißluft in die Halle III zu blasen.

Der Ventilator wird vorläufig von der Firma Albrecht bezahlt.

5) In einem Telegramm von Berlin wurde der Maschinen- und Materialbedarf verlangt zur Steigerung der Lokomotivreparatur.

6) Von diesem Telegramm unterrichtet Herr Vogler in der Landesregierung Herrn Liebscher und zugleich Herrn Stehle [sic!] vom Fahrzeugbau.

7) Es wird ein Telegramm nach Berlin aufgegeben aus dem hervorgeht, daß Herr Vogler am 10.2.47 in Berlin eintrifft.

8. Februar 1947

1) Die Belegschaft kann wegen zu großer Kälte nicht arbeiten.

2) Die Unterlagen für Berlin werden fertiggestellt und zugleich Eingaben zur Erhaltung der kleinen Firmen.

3) Der Stab in Leipzig hat, wie Herr Kalk, Landesregierung erfährt, von der Erhaltung der Halle III noch keinen Bescheid erhalten.

4) Der seinerzeit von der Freitaler Stahl-Industrie geförderte Bau einer Umpflanzmaschine wurde von dem sog. Erfinder weiterbetrieben und entwickelt und zwar so, daß er, nachdem er eine eigens dafür geschaffene Firma gegründet hat und von der Landesregierung für die ersten 6 Maschinen ca. 50000,– RM erhielt, seine Fertigung einstellen mußte und damit die Falschheit seiner Idee bewies.

5) Die Fahrt nach Berlin findet endgültig am Montag statt.

Der Ausweis für diese Fahrt konnte noch rechtzeitig beschafft werden.

Herr Wehner fährt zusammen mit Herrn Vogler in seinem kleinen Lieferwagen.

10. Februar 1947

1) Die Fahrt beginnt früh 5 Uhr bei großer Kälte und nach mehrmaligem Ausschaufeln aus hohen Schneewehen auf der Autobahn.

2) Ankunft in der Zentralverwaltung 12 Uhr.

3) Herr Vogler verhandelt mit Herrn Schreier von der Abteilung Fahrzeugbau und gibt seine Ausarbeitungen, gemäß des geschickten Telegrammes, ab.

Herr Vogler machte darauf aufmerksam, daß die erste Voraussetzung für die Steigerung der Lokomotivreparatur die Erhaltung der Halle III ist. Daraufhin geht genannter Herr sofort mit zu den Herren Heinrichs und Dittrich ZVI.

Herr Wehner hat inzwischen das Dezernat Chemie unterrichtet und es wird sofort zusammen nach Karlshorst gefahren.

4) Die Verhandlungen werden bis um 17 Uhr mit Herrn Major Hajet und einigen Ingenieuren geführt.

5) Von 19–23 Uhr weitere Verhandlungen mit Herrn Schubin und Oberst Samarein sowie Herrn Major Hajet und anderen russ. Offizieren.

Herrn Vogler wird der Vorwurf gemacht, unerlaubt in diesem Betrieb die Produktion aufgenommen zu haben. Er protestiert gegen diesen Einwand und beweist, daß hier nicht kapitalistische Gefahren bestehen, sondern wir uns lediglich die Arbeit erhalten wollen.

6) Weitere Besprechungen festgesetzt.

11. Februar 1947

1) Schlechte Unterkunftsmöglichkeit bei größter Kälte.

2) Um 10 Uhr Aufnahme der Verhandlungen wegen Beschaffung von Zement, Karbid und Kohle bei ZVI.

3) Um 12 Uhr Abfahrt nach Karlshorst mit Herrn Heinrichs.

Besprechungen bis 17 Uhr mit verschiedenen Wirtschaftsoffizieren und Herrn Major Hajet.

Herr Heinrichs verteidigt ausgezeichnet unser Unternehmen.

4) Weitere Besprechungen von 14–23 Uhr. Uns wird mitgeteilt, daß wir am nächsten Tag schriftlich unseren Erfolg in Empfang nehmen können.

Es wird außerdem bestätigt, daß die Eingaben von Herrn Vogler, zur Erhaltung der angrenzenden Gebäude, genehmigt sind.

5) Der Betrieb selbst ist in größter Spannung und steht in Erwartung der Verhandlungen.

6) Die russ. Offiziere versprechen Herrn Betriebsrat Richter, sich noch einige Tage mit der Demontage zu gedulden.

7) Herr Baumeister Bouschka und die kleinen Firmen sprechen nochmals, nach dem Ergebnis der Verhandlung, bei unserem Unternehmen vor.

8) Uns wird wieder Acetylen-Gas zugeteilt.

9) 1. schwerer Unfall bei der Rayon in der FSI.

10) Den beiden Berlinfahrern sind schon längst die Lebensmittel ausgegangen und das Quartier ist wieder schlecht.

Ein Brot für 70,– RM wird gekauft.

12. Februar 1947

1) Früh Verhandlung in der Zentralverwaltung. Herr Vogler läßt sich ein Befürwortungsschreiben von ZVI, Fahrzeugbau an die Landesregierung Sachsen ausstellen, zur besseren Zuteilung von Kohle und Karbid.

2) Herr Vogler führt eine kurze Besprechung mit Herrn Major Hajet und erhält einen versiegelten Befehl, aus dem hervorgeht, daß die Halle III nicht mit demontiert wird.

Herr Major Hajet betont, daß die Nebengebäude erhalten bleiben und macht anderen Firmen, die abgelehnt werden, die Freitaler Stahl-Industrie zum Vorbild und ist erstaunt zugleich, daß die Stadtverwaltung Freital sich nicht mit eingesetzt hat.

3) Es werden noch Besprechungen wegen dem Materialanfall bei dem Abbruch geführt. Dieser Befehl soll umgehend nach Leipzig zum Stab gebracht werden.

4) Ankunft in Freital 21 Uhr.

13. Februar 1947

1) Herr Vogler fährt wieder mit Herrn Wehner, nachdem er dem Betrieb den Erfolg bekanntgegeben hat, zum Stab nach Leipzig.

2) Herr Oberst Smolensk händigt Herrn Vogler wieder einen versiegelten Brief für den Stab nach Dresden aus.

3) Der Offizier für den Abbruch wurde inzwischen unterrichtet.

14. Februar 1947

1) Herr Vogler fährt nach Wachwitz zu Herrn Major Förderow vom Stab für Abbruch.

Dieser will noch am gleichen Tage Herrn Major Samsonow von der Rayon-Gesellschaft unterrichten.

2) Es sind hierdurch dem Lande Sachsen ein Gebäudewert von ca. 1,5 Mill. RM erhalten geblieben sowie der Deutschen Reichsbahn ca. 750000,– RM an Lok-Teilen und der MWF wurden 50000,– RM an Einrichtungsgegenständen erhalten.

3) Der Plan zum Verlegen der Gleise wird besprochen und soll in kommender Woche zur Genehmigung nach Berlin geschickt werden.

4) An dem Einbau der Zentralheizung wird noch immer gearbeitet.

5) Wir erhalten schriftlich die Bestätigung, vom Amtsgericht, daß unser Unternehmen nun endgültig in das Handelsregister eingetragen worden ist.

15. Februar 1947

1) Wegen zu großer Kälte wurde nicht gearbeitet.

17. Februar 1947

1) Verteilung von Quark an die Belegschaft.

2) Wegen zu großer Kälte mußte um 10 Uhr aufgehört werden. Die Arbeit soll am 20.2.47 wieder aufgenommen werden.

3) Die Kohle ist restlos verbraucht.

4) Die Holzdiebstähle sind enorm.

5) Meisterbesprechung; es wurde über die zukünftige Weiterentwicklung des Betriebes beraten. Der Betriebsrat beglückwünscht und spricht zugleich den Dank der Belegschaft für die Erhaltung der Werkstätten, Herrn Vogler aus.

19. Februar 1947

1) Herr Stadtrat Hoffmann und ObReg.Rat Genau wird von Herrn Vogler über den Materialverkauf, gemäß einer Anordnung der Zentralverwaltung Berlin, unterrichtet.

Fest steht auf jeden Fall, daß die Stadt Freital sich von dem Abbruchleiter so hat beeinflussen lassen, daß sie ohne jegliche Kalkulationsunterlage ihm die Materialien abkauft.

Herr Vogler schlägt vor, die Übereignung des Materials durch Karlshorst zu bewirken und nur an die Abbruch-Gesellschaft den Differenzbetrag zu bezahlen, welcher genau kalkulatorisch bestimmt werden muß. Dies bedeutet, daß überhaupt erst einmal der Betrag bekannt sein muß, welchen die Abbruchgesellschaft pro Tonne zusätzlich von den Russen erhält.

(Hoffentlich findet sich ein Mann der Stadtverwaltung, der in der Lage ist, diesbezüglich zu verhandeln und damit der Stadt Freital Tausende von Mark erspart).

2) Die Unterlagen für die Gleisanlagen werden nach Berlin geschickt. Karlshorst will uns diese freistellen.

20. Februar 1947

1) Die Belegschaft wurde wegen Kälte wieder nachhause geschickt.

2) Herr Vogler verhandelt mit dem Schacht, Herrn Og.Ing. Meichsner und dem Betriebsrat, wegen Abgabe des FSI-Kühlturmes. Dieser Kühlturm sollte früher bei der ersten Demontage zu Kistenzwecken abgebrochen werden. Wir haben dafür Holz gestellt und hoffen nun durch die Eingabe nach Karlshorst, welche Herr Vogler weiterleitete, und von Herrn Kirberg als Treuhänder befürwortet wurde, diesen Turm für den Schacht zu erhalten.

21. Februar 1947

1) Die Eingaben zur Erhaltung des Kühlturmes für den Schacht wurden nach Berlin gereicht.

22. Februar 1947

1) In der Stadtverordneten-Sitzung zu Freital wird die Erhaltung unserer Werkstätten ausführlich bekanntgegeben. (s. Anlage)

24. Februar 1947

1) Die Arbeit wird wieder voll aufgenommen. Es sind 5° minus.

2) Herr Vogler erfährt, daß der bisherige Präsident der Reichsbahn, Herr Hocker, seines Amtes enthoben wurde und setzt sich sofort mit der zuständigen Reichsbahnstelle in Verbindung.

Zur Erhaltung des Produktionsausstoßes werden grundlegende Vorschläge für den Ausbau der Kesselschmiede in der MWF besprochen.

25. Februar 1947

1) Herr Vogler fährt mit Herrn Henker zur Landesverwaltung.

26. Februar 1947

1) Die Finanzen sind durch die große Kälte wieder restlos aufgebracht.

2) Der Stromausfall ist gestiegen.

27. Februar 1947

1) Ein amtlicher Lohnsteuerprüfer überprüft die Steuern. [Dokument 13]

2) Die Ausräumungsarbeit für das Verlegen der Gleise wird in Angriff genommen.

3) Die Zuführung von Waggons ist wieder so schlecht, daß für den Monat März vorläufig noch keine Wagenproduktion vorhanden ist.

4) Die Lokomotivreparatur ist noch immer ein Zuschußgebiet.

5) Grafische Darstellungen bewiesen, daß unsere Gemeinkostenzuschläge 300% betragen müßten, gegenüber 200% der jetzt zu verrechnenden.

6) Herr Vogler plant die Aufnahme einer Massenproduktion von Windgebläsen für Heizkessel (für Braunkohlenfeuerung).

7) Es sind wieder 13° minus.

28. Februar 1947

1) Herr Vogler unterbreitet Herrn Stadtbaumeister Rothe seinen Bericht von Berlin und fordert Baumaterialien zum Ausbau der Halle.

Der Stadtbaumeister verspricht, diese nach Eingang unserer Eingaben zu genehmigen.

2) Sitzung der Arbeitsgemeinschaft.

Die vorgesehene Planung zum Ausbau der Halle III wird von allen Teilnehmern befürwortet und soll demnächst zur Durchführung kommen.

3) Die Finanzierung wird aus Verkäufen getilgt.

Trotz der Finanzierungskrise wird dieser Umbau als Grundlage für die weitere Produktion benötigt.

1. März 1947

1) Herr Vogler bespricht sich mit Herrn Meichsner von der Reichsbahn, zwecks einer Reise nach Chemnitz zur Regelung grundlegender Fragen betreffs Erweiterung der Kesselschmiede.

4. März 1947

1) Eine Freitaler Schule hält infolge Kohlenmangels laufend Unterricht in unserem Sitzungszimmer ab.

5. März 1947

1) Verhandlungen zwischen Herrn Schwerdtner Dezernat 61–62, Herrn Meichsner, Deutsche Reichsbahn und Herrn Vogler sowie einigen anderen Herren, betreffs der Weiterentwicklung einer Kesselschmiede.

Es wird eine Fahrt nach Flöha zur Kesselfirma Weisbach besprochen.

11. März 1947

1) Herr Vogler fährt mit den Herren Kode, Meichsner und noch einem Herren von der Deutschen Reichsbahn, trotz größter Glatteisgefahr mit unserem Wagen nach Flöha zur Dampfkesselfabrik Gebr. Weissbach betreffs der Kesselschmiede.

Es wird vereinbart, daß sofort mehrere Kessel nach dort gegeben werden, damit Stromausfälle durch Handarbeiten ausgeglichen werden können.

Die Reichsbahn wird einen Verbindungsmann speziell für Freital und Flöha abstellen.

Flöha ist nun endlich interessiert daran, in engster Gemeinschaft mit MWF zusammenzuarbeiten.

Herr Vogler sagt dieser Firma verschiedene Hilfe zu.

12. März 1947

1) Herr Vogler fährt mit Herrn Weissbach, Flöha zur Landesregierung, um die Angelegenheit Kesselschmiede und Materialbeschaffung zu entwickeln.

2) Unsere Winterkartoffeln gehen so zu Ende, wie voriges Jahr geplant.

3) Die Temperaturen liegen jetzt zeitweise noch immer unter Null Grad Celsius.

4) Am heutigen Tag 6° minus, starker Schneefall und keine Kohle.

13. März 1947

1) Die Stückzeitvorgabe für jede mech. Arbeit wird ähnlich dem Refa-System eingeführt.

2) Hochwassergefahr in Freital, unsere Werksfeuerwehr wird von der Stadt zum Katastropheneinsatz befohlen.

17. März 1947

1) Mit Herrn Baumeister Bouschka werden weitere Besprechungen zum Ausbau der Werkstätten durchgeführt.

2) Herr Rudolf von der Firma Philipp übernimmt die Ausführung des Gleisverlegens und will in wenigen Tagen die Zeichnungsunterlagen fertig haben.

3) Wegen An- und Verkauf von Maschinen wird mit dem Vertreter Herrn Steinkopff verhandelt.

4) Herr Vogler unterbreitet der Arbeitsgemeinschaft Vorschläge über die Eigentumsrechte des Betriebsvermögens und bringt seine Idee zum Ausdruck, in einer Betriebsordnung festzulegen, daß jeder Arbeiter nach einer gewissen erreichten Arbeitszeit von X-Jahren einen Betriebsanteil in gewisser Höhe, im Alter von 60 Jahren ausgezahlt bekommt. Herr Vogler bittet die Arbeitsgemeinschaft, dies den führenden Arbeitskräften des Werkes unterbreiten zu dürfen und zugleich diesen Männern die Frage zu stellen, ob der Betrieb unter eigener Regie weitergeführt werden soll oder das Land Sachsen diesen als landeseigen erhalten soll.

Die Arbeitsgemeinschaft billigt dem zu und hält diese Sache für gut und durchführbar.

18. März 1947

1) Der langersehnte Prüfer für die Abnahme der Kesselschweißer bearbeitet mit Herrn Vogler die Eingaben zur Kesselschweißerprüfung.

2) Der Verbindungsmann für Kesselarbeiten von Chemnitz besucht uns erstmalig. Wir hoffen nun hierdurch eine gewisse Richtung in die [sic!] Arbeit der Kesselschmiede zu erhalten.

3) Herr Vogler unterrichtet [sic!] im Auftrage der Arbeitsgemeinschaft seinen Vorschlag den Meistern und Führungskräften des Betriebes, der begeistert aufgenommen wird mit dem Resultat, daß die MWF der Landesregierung den Antrag stellen wird zur Übereignung der Werksanlagen.

Es wird festgestellt, daß die Landesregierung am wenigsten zur Erhaltung des Werkes beigetragen hat und die Stadtverwaltung überhaupt keinen Beitrag leistete.

Die Schlußfolgerung hieraus ist, daß der Betrieb weiterhin unter der jetzigen Verwaltungsform arbeiten wird und erst, nachdem die landeseigene Industrie aufgebaut ist, zum gegebenen Zeitpunkt übergeben werden soll; dies aber nicht drängt.

4) Für die Ausarbeitung der Grundlage und der Richtlinie, welche in einer Betriebsordnung festgelegt werden sollen, werden wir nicht übereilig handeln.

19. März 1947

1) Die ersten 400 Holzbearbeitungsfräser werden geliefert. Weitere 300 sind in Arbeit.

2) Die erste kombinierte Holzbearbeitungsmaschine, Kreissäge, Fräse und Bohrmaschine, wurde geliefert.
Weitere Maschinen sind in Arbeit.

3) Eine Abordnung der Belegschaft fährt erfolglos zur Landesregierung wegen Beibehaltung der Schwerarbeiterkarte, da diese allg. gestrichen ist.

4) Es wird festgelegt, daß an einem Sonntag freiwillige Arbeitsstunden gefordert werden müssen, betreffs Aufräumungsarbeiten der Halle IIId.

5) Die Beschaffungsmöglichkeit für Kohle ist so schlecht, daß wir nicht in der Lage sind, eine heute zu liefernde Lokomotive Nr. 8 auszuprobieren und infolgedessen 1 to Kohle vom Bahnhof Potschappel leihen müssen.

6) Die Halle IIIb ist ausgeräumt und mit den Bauarbeiten wird begonnen, sobald die Zeichnungsunterlagen zur Verfügung stehen.

7) Wegen der Verlegung der Gleis- und Rohranlagen ist von Berlin noch keine Antwort erfolgt. Wahrscheinlich wird Herr Vogler nochmals nach dort fahren müssen.

20. März 1947

1) Sitzung mit den Meistern der Lok-Reparatur, Arbeitsvorbereitung, Herrn Vogler und Betriebsrat Richter.
a) Besprechung wegen Einführung der Gedingezeiten.
b) Einführung eines Terminverfolgers.
c) Vorgabezeiten für Sening.
Die Terminverfolgung der Lok-Reparatur übernimmt Herr Richter aus der Lok-Abteilung.

22. März 1947

1) Rücksprache bei der Firma Rhaintaler wegen der Anlieferung von Leuchtgas. Da der einzige dort verantwortliche Tankwart über Nacht dienstverpflichtet wurde, ist die Firma nicht in der Lage, die Industrie weiterhin mit Gas zu beliefern. Die MWF richtete einen entsprechenden Brief an das Arbeitsamt Dresden, Abteilung Arbeitslenkung, welches die unverständliche Handlung ausgeführt hat.

2) Herr Vogler führt weitere Verhandlungen wegen der Beschaffung von 2 Güterwagen, welche wir versuchen wollen aus Schrott der Firma Rhaintaler herzurichten.

3) Vorsprache des Betriebsrates Richter, Betriebsschlosser Heinrich und Herrn Vogler bei der Gewerkschaft und der Landesregierung, wegen Erhaltung der Schwerarbeiterkarte.

23. März 1947

1) Freiwilliger Arbeitseinsatz zum Aufräumen der Halle 3 d. Es waren 64 Belegschaftsmitglieder freiwillig tätig. Der Arbeitseinsatz wird wiederholt.

24. März 1947

1) Die Zentralverwaltung Berlin schickt ein Telegramm aus dem hervorgeht, daß die Gleisanlagen noch nicht freigesprochen sind, obwohl diesbezüglich schon mehrere Verhandlungen geführt wurden.

2) Die Herren Vogler und Wüstner beantragen ein Postscheck-Konto. Post Empfangs- und Unterschriftsberechtigt sind die Herren Vogler, Wüstner und Henker.

3) Der Beschluß zum Bau einer Probestrecke wird geplant.

25. März 1947

1) Herr Vogler und der Betriebsschlosser Heinrich erhalten von der Landesregierung nach Ersuchen einen Brief für das Ernährungsamt Freital, mit der Bestätigung, daß wir weiterhin die Schwerarbeiterkarten erhalten.

2) Der Kesselprüfer von Chemnitz besucht uns laufend jede Woche zur Überwachung unserer Arbeiten.

26. März–5. April 1947

1) Die Anlieferung von Gas wird immer schwieriger. Wir erhoffen eine Änderung in der Anlieferung durch eine grundlegende Besprechung bei der Landesregierung.

2) Wir nehmen mit der Reichsbahn Verhandlungen auf, um aus Schrottwagen für die Firma Rhaintaler, brauchbare Spezialwaggons zum Transport von Spezial-Schweißgas aus dem Westen herzustellen. Die Firma Rhaintaler ist gewillt, die Reichsbahn und die MWF bevorzugt mit diesem Gas zu beliefern.

3) Die von der MWF eingereichte Beschwerde an das Arbeitsamt Dresden, wegen des Leuchtgas-Tankwartes der Firma Rhaintaler, hat Erfolg. Wir erhielten die Nachricht, daß der Tankwart wieder zurückbeordert wird. (Vgl. 22.3.47, Punkt 1)

4) Herr Vogler kauft sich privat ein Motorrad, welches für dringend notwendige Geschäftsfahrten nach Chemnitz, Berlin, Flöha usw. benötigt wird. Die Überweisung von Dresden nach Freital macht Schwierigkeiten, da Dresden keine Fürsprache erteilt.

Wir versuchen durch die Landesregierung die Sache zum Erfolg zu führen.

5) Die in der MWF stationierte Diesel-Lok wird der Reichsbahn leihweise erneut angeboten, da wir ab 1.4.1947 wieder 40,– RM pro Tag für die geliehene Rangier-Dampflokomotive bezahlen sollen.

Die Reichsbahn übernimmt die Diesel-Lok zum gleichen Preis und denselben Bedingungen, wie wir die Dampflok von der Reichsbahn übernommen haben.

6) Im Arbeitsbüro treten Störungen auf durch den Todesfall unseres bewährten Arbeitsvorbereiters und Sachbearbeiters der Waggonreparatur, Herrn Tetzel.

7) Es werden laufend Verhandlungen und Besprechungen geführt, betreffs Verlegen der Gleisanlage.

8) In einer Betriebsversammlung wird dem Redner des FDGB Kollegen Kandler unterbreitet, daß der Betrieb fordert, daß endlich sich die Behörden und auch der FDGB einsetzen soll, unseren lebenswichtigen Betrieb auch in den Wirtschaftsfragen zu unterstützen und nicht nur immer zu fordern.

Die Diskussion und Aussprache war ziemlich heftig.

Herr Kandler versprach, sich intensiv mit dem Betrieb zu befassen und uns noch vor Ostern zu besuchen, damit gemeinschaftlich die großen Schwierigkeiten behoben werden können.

Der Genannte des FDGB hat sich bis zum heutigen Tag, den 10.4.1947 noch nicht sehen lassen. –

Uns wurde bekannt, daß aber außerbetrieblich dem FDGB-Gruppenleiter der MWF, von Seiten des FDGB Freitals, noch nachträglich Vorwürfe gemacht wurden, über unsere Forderung.

Kollege Kandler hat sogar versprochen mit nach Berlin zu fahren. –

9) Trotz größter Bemühung ist es uns nicht möglich, weitere Lebensmittel heranzuschaffen, um unsere Werksküche zu erhalten. Wir hoffen jedoch in einigen Wochen nach Öffnung der Mieten, wieder etwas für unsere Küche gewinnen zu können.

10) 3 Belegschaftsmitglieder werden wegen Diebstahl eines Kreissägen-Motors entlassen. Darunter auch ein Meister. Der Motor wurde vor ca. 1/2 Jahr gestohlen.

11) Die schon genannte Diesel-Lok wurde am 2.4.1947 abgeholt. Die Unterlagen wurden Herrn Gebauer, Dezernat 21, ausgehändigt.

12) Der Betrieb schließt am Gründonnerstag und nimmt die Arbeit am 8.4.1947 wieder auf.

13) Da die Werksküche nicht mehr genügend Futtermittel für unser Betriebsferkel aufbringen kann, müssen wir zu einer vorzeitigen Schlachtung greifen.

Das Fleisch reicht gerade für eine Mahlzeit, gleich 300 Personen. Das Essen war überaus gut und sollte in Verbindung mit 8 Zigaretten pro Kopf, zugleich die Prämie für den zu erwartenden 1000. fertiggestellten Waggon darstellen.

14) Herr Vogler und der Betriebsrat Richter sollen verhaftet werden, da der russ. Major, welcher den Abbruch der FSI leitet, in dem Kammergut

Döhlen unser, aus Sicherheitsgründen eingerichtetes Magazin beschlagnahmt hat und behauptet, daß dieses Material sicher während des Abbruchs von ihm gestohlen worden sei, was allerdings nicht den Tatsachen entspricht.

Die von ihm angeblich vorgefundenen Demontagesignums sind nach Feststellung deutsche Inventarbezeichnungen, wie sie in jedem ordentlichen Betrieb vorhanden sein müssen.

Ein deutscher Stellmacher, welcher Interesse an einem Raum unseres Magazins hat und diesen auch erhalten soll, hat unwahre Angaben über ein weiteres Lager bei der Firma Sening an den Russen gemacht. Wodurch auch unser Arbeitsraum dort beschlagnahmt wurde.

Auf Grund einiger Verhandlungen gab man jedoch den Maschinenraum bei Sening wieder frei.

Besagtes Magazin jedoch soll die Kommandantur besichtigen.

Wir hoffen, daß wenigstens die russ. Herren mit sich verhandeln lassen werden. Vor allen Dingen schon deshalb, da der Magazinverwalter den Auftrag hat, laufend alle Materialien nach unserem Hauptmagazin im Betrieb zu bringen und keinen Neu-Zugang mehr in dem Außenmagazin einlagern soll, da jetzt dieses Magazin, nachdem uns bekannt ist, daß unser Betrieb bestehen bleibt, nicht mehr notwendig ist und mit dem Betriebsmagazin vereint werden kann.

Der deutsche Polizeimajor Käppler verstand keinesfalls die Situation zu klären und beschäftigte sich während der ganzen Verhandlung nur mit seinen persönlichen Dingen, anstatt die Verhandlung mit sofortigen Maßnahmen zu untersützen.

15) Der 1. Waggon Kohle seit Dezember ist eingetroffen.

16) Ein nochmaliger freiwilliger Arbeitseinsatz zum Ausräumen der Halle IIIb hat Erfolg.

17) Lieferung der 1. hier gefertigten Holzbearbeitungs-Oberfräse.

18) Der allg. Maschinenbau in der Abteilung Bearbeitungswerkstatt ist im Augenblick sehr produktiv.

19) Wir erhalten ein Lieferungs-Soll von 80 Waggons für Monat April 1947.

11. April 1947

1) Das beschlagnahmte Magazin wurde nach einigen Verhandlungen von dem russ. Major wieder freigegeben, wobei wir jedoch etwas von dem dort eingelagerten Material abgeben mußten.

2) Bei Unterrichtung des Herrn Major Käppler wurde uns von diesem mitgeteilt, daß er bereits vorgearbeitet und somit die Sache in Ordnung gebracht habe. Als Entgegnung dessen wird uns von dem russ. Major gesagt, im Beisein von Herrn Richter, Betriebsrat, daß sich Herr Käppler hat noch

nicht wieder sehen lassen. (Man soll sich nicht mit fremden Federn schmücken)

3) Herr Stadtrat Hoffmann erkundigt sich nach der Lage und bitte um weitere Unterrichtung.

12. April–25. April 1947

1) Die Belieferung von Gas oder Karbid nimmt eine katastrophale Lage an. Der gesamte Betrieb ist hiervon abhängig und kommt dadurch ins Stokken.

Nach vielen Verhandlungen bei den zuständigen Amtsstellen erhielten wir eine Lieferanweisung für 100 kg Karbid, welchen wir uns in Neustadt selbst abholen können und [der] eigentlich nur für den Katastropheneinsatz gerechnet ist.

Unser Karbidbedarf beträgt 1,5 to pro Monat, und erhalten haben wir bis jetzt noch nichts. Der Betrieb arbeitet nur, da wir von verschiedenen Firmen und durch Tausch Azetylengas besorgten.

2) Wir erfuhren, daß Koll. Kandler vom FDGB und Genossen der Partei sich über die Übernahme unseres Betriebes in das Landeseigentum besprochen haben.

Wie wir selbst vorgeschlagen haben, sollte, um diese Frage klarzustellen, eine solche Besprechung hier bei uns im Werk sein. Wir können es nicht verstehen, daß vorher Beschlüsse gefaßt werden müssen ohne unser Beisein. Auch die Frage der Übernahme ins Landeseigentum ist nicht durch Gewalt, sondern auf kontinuierlichem Weg vorzunehmen. Das bedeutet, daß wir verlangen müssen, vorerst zu wissen, zu welchem landeseigenen Betrieb der volkseigenen Industrie werden wir hinzugegliedert. Es wäre falsch, nur um den Betrieb landeseigen zu machen, diese Sache aus dem Boden zu stampfen, da doch nichts drängt. Ganz besonders ist es schon deshalb notwendig, da die FSI noch unter Sequester steht, und wir als eingemieteter Betrieb ihre restlichen verbliebenen Anlagen mit benützen. Bei einer Übernahme des Sequester-Betriebes in das Volkseigentum, würde unser Betrieb dann ebenfalls sofort in das Volkseigentum übergehen können. Bei Abbruch des Sequester-Betriebes würden dann auch unsere schwer erarbeiteten Anlagen, welche sich nicht immer genau trennen lassen, mit unter das Sequester fallen.

3) Im Augenblick ist die finanzielle Lage ausgeglichen. Für nächsten Monat sind jedoch Störungen zu erwarten.

4) Die Deutsche Reichsbahn drückt immer mehr auf Produktionssteigerung und bringt unsere Kesselschmiede und die Firma Weissbach, Flöha, mit ihren Aufträgen in Druck.

5) Unser Lastwagen ist soweit verbraucht, daß allein durch Generator- und Federbrüche unser Kraftfahrzeugbetrieb eine der belastendsten Abteilungen darstellt.

6) Der Betrieb arbeitet neuerdings nur noch 40 Stunden in der Woche, da aus Ernährungsgründen bei dieser Arbeitszeit genau soviel Leistung zu erwarten ist, wie bei 48 Stunden.

7) Der Abbruch an der Halle IV beginnt. Die Träger an der Halle III werden, entgegen der Anordnung von Berlin, ebenfalls gesprengt.

Herr Vogler einigt sich mit Herrn Major Samsonow, daß diese Sprengung aber nur mit kleiner Ladung vorgenommen wird. Es sind auch bis jetzt noch keine Gebäudeschäden dadurch entstanden.

8) Die Sächs. Baustoffgesellschaft, welche aus FSI sich heraus entwickelt hat, ist seit 1 Jahr noch immer in Gründung begriffen.

Die Verantwortlichen, Herr Vogler, Linhart und Kirberg beschließen, die seinerzeit sichergestellten Materialien, ca. 60 to, gemeinsam mit dem Amt für Wirtschaft der Stadt Freital dieser Bauplatten-Utopie zu entziehen und soweit die Stahlplatten für unsere Lokomotiv-Reparatur nicht benötigt werden, diese der allg. Wirtschaft zuzuführen.

Der seinerzeit mit den Bauplattenmännern abgeschlossene Vertrag wird dadurch hinfällig.

9) Herr Vogler verspricht dem Betriebsratsvorsitzenden Herrn Richter, bis zum 15.5.1947 einen Betriebsordnungsentwurf vorzulegen.

10) Das Verlegen der Gleise in den Hallen macht dadurch Schwierigkeiten, daß die Gleise, welche wir herausreißen müssen, um diese in die Halle III zu verlegen für das Verladen von der Abbruchgesellschaft benötigt werden, die anderen aber wurden durch die Sprengungen verschüttet.

11) Die Bauzeichnungen hierfür sowie für das Einziehen der Decke sind jetzt vorhanden.

Die Eingaben zur Genehmigung sind ausgeführt.

12) Der erste angenommene Lehrling (kaufmännisch) Fräulein Dommel wird eingestellt.

13) Der Krankenstand steigt bis auf 13%.

14) In Zukunft wird durch die Betriebsdirektion dem Betrieb für die kommenden Monate jeweils im voraus ein Haushaltsplan zur Festlegung der Betriebsunkosten erteilt.

15) In einer Besprechung zwischen Direktion und Betriebsrat wird eine allg. Lohnerhöhung für einen großen Teil der Belegschaft, als Übergang zu den zu erwartenden neuen Tarifen, festgelegt.

24. April–23. Mai 1947

1) Zur Mai-Feier nimmt der größte Teil der Belegschaft teil.

2) Die Belieferung von Schweißgas ist noch nicht geklärt.

Die Anlieferung erfolgt aus Beständen des Katastropheneinsatzes und durch Kompensation.

3) Die letzte Anweisung der Landesregierung war, daß die Reichsbahn als eigener Kontigentträger uns das Schweißgas zuteilen muß. Jedoch kann uns die Reichsbahn nur in dringendsten Fällen für das Schweißen von Kesseln aushelfen, da sie selbst nur eine geringe Zuteilung erhält und andererseits in der Industrie einen Helfer sehen will, der sie nicht belastet.

4) Der Kreisvorstand der SED sowie andere Herren [der] Partei drängen wieder, um den Betrieb landeseigen zu machen.

Der größte Prozentsatz der Belegschaft ist dagegen. Es wird eine Kommission gebildet, welche sich darüber klar werden soll.

5) Herr Vogler arbeitet eine Betriebsordnung aus, welche er dem Betriebsrat zur Genehmigung am 1. Juni vorlegen wird.

Dieselbe soll juristisch so festgelegt werden, daß sie zugleich den Grundstock des Unternehmens nach seinem rechtlichen inner- und außerbetrieblichen Aufbau darstellt.

6) Kohle wird uns zugeteilt in ganz geringen Mengen.

7) 1 Telegramm an die Abbruchgesellschaft besagt, daß ein Sprengkommando nach hier unterwegs sei.

Herr Vogler unterrichtet die Zentralverwaltung Berlin, Herrn Heinrichs und bespricht sich telefonisch mit ihm, damit dieser Befehl zunichte gemacht wird.

8) Finanziell ist der Betrieb ausgeglichen.

9) Betriebsratsvorsitzender Richter unterrichtet die Belegschaft in einer Betriebsversammlung von der bisherigen Leistung des Betriebes seit der Gründung dessen betreffs der bevorstehenden Betriebsratswahl.

10) Herr Vogler kauft eine ausgebrannte moderne schwere Drehbank, welche für uns aufgearbeitet wird.

11) Eine Abricht-und Fräsmaschine für Holzbearbeitung ist für uns in Arbeit.

12) Fünf Labor-Rüherwerke werden fertiggestellt sowie drei Motorschleifböcke.

13) Herr Vogler fährt mit Abt.Meister Döring nach Chemnitz in das Ausbesserungswerk zur Besprechung.

Für die Firma Rhaintaler werden fünf Acetylen-Gas-Wagen gekauft, die zum Teil um- und neugebaut werden.

14) Es werden weiterhin drei Rockstroh BN 16 gefertigt.

15) Die Eintragung in das Handelsregister wird im Mitteilungsblatt veröffentlicht.

16) Betriebsratsmitglied Heinz und Herr Vogler besorgen 60 Zentner Kartoffeln für die Werksküche, welche noch geschlossen ist.

17) Die schwere Ernährungslage macht sich im Betrieb sehr bemerkbar. Es kann aus diesem Grunde nur noch 40 Stunden pro Woche gearbeitet werden.

Es wird beobachtet, daß verschiedene Männer im Betrieb Kartoffelschalen als Nahrung zu sich nehmen.

Der Abbruch der Hallen ist soweit vorgeschritten, daß der große Kran der Abbruchgesellschaft in der Halle IV unsere provisorische Schiebebühne so beschädigt, daß der Ausstoß von Waggons gefährdet wird. Diese ereignete sich bereits 2 Mal. Unser Soll von 75 Waggons ist damit in Frage gestellt.

Wir hoffen jedoch, 70 Waggons zu reparieren.

18) Unser[e] 2 Hebeeinrichtungen zum Versetzen der Lok-Kessel (25 to), wird [sic!] mit demontiert.

Es wird schnellstens in Nähe Lok-Schuppen aus vorhandenen Trägern der Halle III eine gleiche Hebeeinrichtung gebaut.

19) Holzdiebstähle und Abschneiden von Luftschläuchen sowie andere kleine Vergehen häufen sich aufgrund der wirtschaftlichen Not immer mehr.

20) Eine weitere Baulok ist zur Repartur eingetroffen.

21) Die an die Reichsbahn abgegebene Diesel-Lok, welche wir als Tausch gegen die von der Reichsbahn gemietete Dampflok vorgesehen hatten, kommt wieder zurück, da wahrscheinlich während des Krieges die Zylinderblöcke restlos zerfroren sind.

22) Die Kesselschmiede macht in ihrer Entwicklung Fortschritte.

Es werden bereits die ersten Schweißungen in der Feuerbüchse vorgenommen sowie die Erneuerung einer Rauchkammerschmiedewand.

23) Die Baugenehmigung zum Einziehen der Decken, wurde mündlich erteilt. Die schriftliche Bestätigung folgt.

(früher wurde dies von der Baupolizei bestätigt, heute von 6 Behörden).

27. April–10. Juni 1947

1) Der bisherige provisorische Kran ist zum Abbruch gekommen.

In einer Sonntagschicht wurde unter Einsatz eines geliehenen Dampfkranes, nach wochenlanger Vorbereitung unter primitiver Art, eine neue Hebemöglichkeit vor dem Lokschuppen gebaut.

2) Der Ausstoß der Waggon-Produktion wurde wieder mehrmals gehindert durch die Abbrucharbeiten der Rayon.

3) Die Anlieferung von Acetylengas ist mit [sic!] Augenblick = 0; ebenso die Anlieferung von Kohle.

4) Der Einbau der Decken läuft planmäßig.

5) Der Einbau der Gleisanlagen macht durch den Abbruch des Werksgeländes enorme Schwierigkeiten und kommt nicht recht vorwärts.

6) Der Umbau der Trafo-Station sowie der Neueinbau des für August versprochenen neuen Transformators verläuft planmäßig.

7) Der Einbau der Werkstelefonanlage soll in den nächsten Tagen beginnen.

8) Der Einbau der Zentralheizungsanlage im Verwaltungsgebäude ist beendet, kann jedoch wegen Mangel an Kohle nicht ausprobiert werden.

9) Die Fa. Albrecht verspricht, noch vor dem Einbrechen des Winters die geplante Hallenbeheizung durch Warmwind einzubauen.

10) Ein Vorbau vor die Halle 3 muß noch vor dem Einbrechen des Winters geschaffen werden, da der Winddruck gegen die provisorischen Tore ein Arbeiten unter den Verhältnissen in kalter Jahreszeit, wie jetzt augenblicklich ausgeführt, unmöglich macht.

11) Am 24.5. wird die Küche wieder vorübergehend geöffnet und schließt am 10.6.47, da die Beschaffung von Lebensmitteln unmöglich geworden ist.

Die Ernährungslage ist so katastrophal, daß die Arbeiter nicht auf Urlaub gehen und jeder glaubt, sich zur Kartoffelernte frei nehmen zu können, wodurch unsere Produktion zum Erliegen kommt.
Der Belegschaft wird
1/2 kg Senfgurken zum Preise von RM 5,–
u. 1/2 kg Salztomatenzum Preise von RM 3,–,
die unter der Hand gekauft wurden, verkauft.

12) Wir erhalten aus drittem Munde Bescheid, daß bei den leitenden Russen des Abbruches ein Sprengbefehl des Werkes vorliegt. Herr Vogler setzt sich mit der Zentralverwaltung in Verbindung und erhält dort die Antwort, daß unsere Unterlagen wunschgemäß und wie voraus besprochen zur SMA Dresden geschickt worden sind. Herr Vogler fährt mit Herrn Knoblauch, auch von der Landesregierung, zur SMA Dresden und bekommt dort nach langem Bemühen zu erfahren, daß gesprengt wird:
Der Anbau der Halle 1,
das Pumpenhaus,
der Lok-Schuppen,
1 kleiner Keller an der Trafo-Station,
1 kleiner Keller an der Frauen-Garderobe,
der Feuerlöschteich.

Herr Vogler fährt mit Herrn Wehner von der Fa. Alpha-Seifenwerke nach Berlin, um dort die Freistellung dieser Objekte zu erbitten, da uns diese bereits früher zugesprochen worden waren.

Nach dreitägiger Verhandlung bei der ökonomischen Abteilung Samaren mit Herrn Major Hajet in Karlshorst SMAD kann erreicht werden, daß wir selbst schnell abbrechen dürfen, um die Baumaterialien für unseren Bedarf zu erhalten.

13) Herr Vogler bespricht mit Major Samsanov vom Abbruch, den Abbruch des Pumpenhauses, hat aber von dort noch keine Genehmigung erhalten, die Baumaterialien zu gewinnen. Die zur Verhandlung dazu benö-

tigten Stadtvertreter sind bis zum heutigen Tage noch nicht hier im Werk eingetroffen.

14) Am 9.6.47 trifft ein Sprengoffizier ein, der mit Herrn Vogler verhandelt über die zu sprengenden Objekte. Jetzt wurde festgestellt, daß in den russischen Unterlagen gewisse Unklarheiten vorhanden sind, so daß daraus zu ersehen ist, daß nicht der Lok-Schuppen, sondern die Generatorenanlage zu sprengen ist.

Die Sprengungen werden durchgeführt, sobald sich die Sprengoffiziere mit den Abbruchoffizieren vereinbaren.

15) Mit den Abbrucharbeiten konnte noch nicht begonnen werden.

16) Der Abbruch der Halle eins ist trotz stärkster Sprengladung nur langsam vorwärts zu bringen, da die Mauerung, wie bereits vorauszusehen war, zu fest gebaut wurde. Durch die Sprengungen werden erhebliche Schäden am Mauerwerk und den Fenstern sowie in der Wohnung in der Pforte angerichtet.

17) Unser Lastwagen fällt wieder aus, da eine eingebaute, ungehärtete Kuppelwelle unbrauchbar geworden ist, und wir keine Möglichkeit finden, unseren neuen Motor von Bischofswerda abzuholen.

18) Der umgebaute Personenwagen wird in der nächsten Woche auf Holz-Generator umgebaut.

19) Der umregistrierte kleine BMW wird zum Polstern gegeben und ist sonst soweit fertig zur Komplettierung.

20) In einer Sitzung des Landesvorstandes des FDGB im Beisein des Herrn Vogler und des Betriebsrates sowie einiger Männer der Belegschaft wird besprochen, ob unser Betrieb landeseigen gemacht werden soll oder nicht. Der Landesvorstand hebt die politische Lage in den Vordergrund, Herr Vogler die wirtschaftliche Lage.

Der Letztgenannte wird von dem Erstgenannten dahingehend zurechtgewiesen, daß sich die Wirtschaftslage absolut geordnet abspielt, nur daß wir unter enormen Schwierigkeiten zu leiden haben, so daß die Notwendigkeit der landeseigenen Betriebe auch auf unseren Betrieb übergreifen muß. Nach einer Besichtigung des Betriebes ist ein Teil der Belegschaft überzeugt, daß der landeseigene Betrieb für den unsrigen der günstigste sei, obwohl bekannt ist, daß im Augenblick sehr viel landeseigene Betriebe unter größten Schwierigkeiten zu kämpfen haben und zu keiner produktiven Produktion gelangen. Der Landesvorstand will weitere Schritte unternehmen und uns dementsprechend unterrichten. Herr Vogler wird der Angelegenheit aus dem Wege gehen und sich der Meinung des Gesamtbetriebes anschließen müssen. Er erklärte sich bereits bereit, die schriftliche Zusage zu geben, daß er auf das Unternehmen, welches dem Handelsregister nach auf seinen Namen läuft, wieder aufzulösen [sic!]. Welchen Erfolg dies haben wird, ist Angelegenheit der Wirtschaftslage selbst.

21) Durch das Selbständigwerden der Reichsbahndirektion ist kein verantwortlicher Reichsbahn-Sachbearbeiter für die Schmalspur-Lokomotivausbesserung mehr vorhanden, so daß wir unsere Anweisung und Hilfe nur noch durch die Hauptverwaltung der Reichsbahndirektion Berlin erhalten könnten. Herr Vogler bespricht bei Herrn Präsident Barth und Herrn von Lützow die Situation und erhält zugesagt, daß ein Antrag gestellt wird, auf Bereitstellung eines Sachbearbeiters mit den Rechten der Hauptverwaltung in der Reichsbahndirektion Dresden, der uns dann steuert. Bis heute wurde noch keine Entscheidung hierüber getroffen.

22) Finanziell stehen wir mit RM 37000,– Sozialversicherung und RM 25000,– Lieferanten-Rechnungen im Rückstand; gegenüber von rund RM 110000,– im Betrieb befindlicher und noch nicht fertiggestellter Arbeit, so daß wir unsere Verrechnungsbasis in Zukunft so umstellen müssen, daß die Reichsbahn, wie auch andere Auftraggeber, sofortige Zahlung leisten, andernfalls wir zeitweise auftretende finanzielle Brücken nicht schlagen können.

23) Herr Vogler händigt die ausgearbeitete neue Betriebsordnung dem Betriebsrat aus.

24) Am 10.5. erfolgt die neue Betriebsratswahl. Es erfolgte keine Änderung gegenüber den bisherigen Mitgliedern.

1. Richter, Otto
2. Büttner, Elsa
3. Heinz, Rudolf
4. Hoffmann, Rudolf
5. Fleischer, Herbert
6. Groß, Hans
7. Pöge, Helmut.

25) Wir erhalten ein Produktionssoll an Holzbearbeitungsfräsen für RM 6000,– pro Monat.

26) Stadtrat Hoffmann und Stadtbaumeister Rode kommen zur Besichtigung der Abbruchobjekte und versprechen, sobald die Möglichkeit des Abbruches besteht, sich sofort einzusetzen.

11. Juni–10. Juli 1947

1) Mehrfache Vorsprachen bei der SMA durch Herrn Vogler wegen der Beschaffung von Karbid sind erfolglos. Es wird uns mitgeteilt, daß fehlende Materialien in Zukunft von der Deutschen Reichsbahn beschafft werden müssen. Die Reichsbahn wird dadurch wahrscheinlich von uns nicht mehr die bisherige Hilfe erkennen, da die Beschaffung durch uns selbst bisher eine Auslastung für unsere Auftraggeber darstellte.

2) Gemäß Punkt 22 Seite 84 wird festgelegt, daß die Reichsbahn die bisher geleisteten Arbeiten an den einzelnen Lokomotiven bis zu 2/3 der geplanten Gesamtkosten laufend zahlt.

3) Herr Vogler fährt mit Herrn Schwerdtner, Deutsche Reichsbahn nach Penig, um die Deutsche Reichsbahn für die Aufstellung einer Teerpappen-Produktionsstätte zu beraten. Sollte die Reichsbahn einen Teerfachmann ausfindig machen, so wird die MWF die Einrichtung bauen, um die Dachpappe, welche für die Reichsbahn benötigt wird, selbst zu erzeugen.

4) Die vor 1 1/2 Jahren bestellte Wanderer-Vertikal-Fräsmaschine wurde von der Fa. Wanderer fertiggestellt, jedoch zum vierten Mal über die Landesregierung, Abtlg. Maschinenbau wahrscheinlich für die Besatzungsmacht beschlagnahmt, so daß die gewünschte Entlastung unserer Mechanischen Werkstätte wieder nicht eintreten kann.

5) Die uns vor einem Jahr bewilligte Kohlenmenge von 110 to ist nun reduziert auf
 3 to Brikett und
30 to Rohkohle pro Monat.

6) Der Einbau der Decken in Tischlerei und Schlosserei läuft planmäßig.

7) Das Auflegen der Schienen in Halle 3b für die Lok-Reparatur ebenfalls. Die Grube ist bereits fertiggestellt.

8) Herr Baumeister Bouschka erhält den Auftrag, einen Entwurf für den Vorbau vor die Halle 3 zu machen.

9) Da der von Karlshorst genehmigte Abbruch des Pumpenhauses vor dem Sprengen von dem Abbruch-Offizier der SGW noch nicht genehmigt wurde, läßt Herr Vogler auf eigene Verantwortung den Dachschiefer schnellstens bergen, da das bei uns zu erwartende Sprengkommando bereits in der SGW sprengt.

10) An Halle 1 werden die letzten Sprengungen vorgenommen. Die Mauern sind restlos umgelegt.

11) Der Löschteich wird zur Erhaltung, wie vorgesehen, weiterhin zur Hälfte zugeschüttet.

12) Der Ausfall an Belegschaftsmitgliedern beträgt als höchstes jetzt 15%. Dies ist größtenteils durch die katastrophale Ernährungslage bedingt. Es ist allerdings bekannt, daß andere Betriebe zwischen 30–75% Ausfall zu verbuchen hatten.

13) Der vor einem Jahr von den Kraftwerken Freital bestellte Transformator, welcher in der FSI zum Ausbau der elektrischen Anlage aufgestellt wird und zur Versorgung aller hier im Werk befindlichen Firmen dienen soll, sollte bereits im Mai geliefert werden. Nach erneuter Vorsprache bei Mix u. Genest durch die Herren Vogler und Reisinger wird dieser frühestens erst Ende Oktober zur Lieferung kommen. Die nun dringend notwendig werdende Umstellung der Maschinen von Fa. Sening nach hier wird dadurch unnötig verzögert, da die zur Verfügung stehende Strommenge im Augenblick für weitere Maschinen nicht ausreichend ist.

14) Die Niederspannungsanlage ist erstellt. Die Hochspannungsanlage bis zum Einbau des Transformators fertig.

15) Für den im vorigen Jahr aufgebauten Kessel im Kesselhaus ist ein Stahlschornstein erworben worden, welcher für die Seifenfabrik Wehner und uns günstigere Verhältnisse bringen wird, als die zu hohen Steinschornsteine. Die vor einem Jahr eingereichte Genehmigung zur Aufstellung unseres Kessels ist nun endlich eingetroffen.

16) Der Einbau der Heizungsanlage in Halle 3 soll nun beginnen.

17) Die Aufstellung der Telefonanlage ist in Angriff genommen und schreitet vorwärts.

18) Die schriftliche Baugenehmigung für den Einbau der Decken wurde für die Arbeitsinspektion uns zugestellt.

19) Nach Anfrage bei der Deutschen Reichspost, warum unser Vertrag nicht zur Unterschrift kommt, wird dadurch erklärt, daß einige bei der Deutschen Reichspost einflußreiche Herren von Konkurrenzfirmen zu uns kamen und sich über die örtlichen Einrichtungen erst unterrichten wollten.

20) Die Miete für unsere Rangier-Lok wird für uns wieder auf RM 40,– pro Tag erhöht, was eine enorme Belastung bedeutet.

21) Die seinerzeit eingestellten 12 Anlernlinge haben ihre Anlernzeit beendet und verbleiben im Betrieb. 60% sind mit gutem Erfolg angelernt worden.

22) Der Schlosserlehrling Große erhält als erster Lehrling in unserer Firma seinen Gesellenbrief.

23) Der für die Firma Rainthaler erbaute Spezialwaggon für den Gastransport ist fertiggestellt. Wir hoffen nun, durch diese Firma eine Hilfe an Leuchtgas und Wasserstoff zu erhalten.

12.–23. Juli 1947

1) Nach verschiedenen Verhandlungen zwischen Herrn Kirberg und Major Samsanov, der Kommandantur sowie dem Stadtdolmetscher wurde uns erlaubt, die Materialien des Pumpenhauses noch vor der Sprengung zu bergen. (Entgegen Punkt 9, S. 85) Die Stadt Freital schreibt uns, daß wir dazu nicht berechtigt seien und beschlagnahmt sämtliche Baumaterialien, welche wir für den Wiederaufbau des Werkes vorgesehen haben. Leider gehen durch den Transport ein großer Teil der Baumaterialien, da die Beaufsichtigung fehlt, auf unehrliche Weise weg. Die MWF kann keine Arbeitskräfte für andere stellen. Die Stadt Freital greift nicht energisch zu, so daß der Abbruch vorläufig wieder steht. Hoffentlich überrascht nicht das russische Sprengkommando. Der Schiefer wurde allerdings geborgen.

2) Major Samsanov von der SGW benötigt die Längsseite des Pumpenhauses für Kistenzwecke und gibt uns eine alte morsche Baracke der SGW zum Abbruch, welche ebenfalls einem Sprengbefehl unterliegt. Wir müssen zu dieser Entscheidung zugreifen, um die Halle 3 aufzubauen.

3) Der Seite 85 Punkt 13 im Oktober 1947 zu erwartende Trafo soll schon im August 1947 geliefert werden, wenn Mix & Genest die notwendigen Spezialmaterialien erhält. Die FSI sollte, um den Wert der Gebäude zu erhalten, den Ausbau der Trafo-Station finanzieren, wovon dann mehrere Firmen Strom entnehmen können. Die Mittel dazu sollten von dem Erlös einer elektr. Leitung von der FSI nach der Reichsbaracke verwendet werden. Die Stadt Freital erfährt hiervon und verhindert den Verkauf mit der Begründung, daß diese Leitung beschlagnahmt sei. Hier muß betont werden, daß weder die Stadt Freital noch eine andere Stelle in der Lage ist, hierüber zu verfügen, da einzig und allein der Treuhänder der FSI, solange der Betrieb den russischen Behörden untersteht, für die Verwaltung und den Wiederaufbau der verbleibenden Einrichtungen bis zur Liquidation verantwortlich ist. Aus der Mitteilung der Stadt Freital ist auch hier, wie im vorgenannten Punkt bezüglich des Pumpenhauses, das geringe Interesse für den Aufbau unserer Produktionsstätte und ihrer Zukunftsplanung erwiesen. Dazu ist zu berücksichtigen, wie wenig Unterstützung die Stadt Freital beigewirkt hat, um die verbleibenden Mittel, Einrichtungen und Gebäude zu erhalten, sich aber nun das Recht der Beschlagnahme zuspricht.

4) Die neuen Metallarbeiter-Tarife müssen ab 1.7.47 gezahlt werden, so daß nach Zusammenkunft der Lohnkommission, des Betriebsrates und der Betriebsleitung ein Mehraufwand an Löhnen von ca. RM 4000,–
und Gehältern von ca. RM 1800,–
benötigt wird. Es wird die Erhöhung einer Durchschnitts-Stundenlohnvergütung bei der Deutschen Reichsbahn beantragt.

5) Die Fa. Albrecht beginnt mit den Berechnungen der Heizungsanlage für Halle 3.

6) Der Ausstoß von Lokomotiven hat sich durch fehlende Materialien noch weiter verschlechtert. Es werden jetzt nach Aussprache mit Herrn Schwerdtner, Deutsche Reichsbahn, laufend Kessel und Radsätze sowie andere fehlende Teile aus vorhandenen Lokomotiven ausgetauscht, um den Lokpark der Deutschen Reichsbahn auf diese Weise schnellstens zu ergänzen.

7) In einer Wirtschaftskonferenz, an welcher Herr Vogler in Dresden teilnahm, und der Kreisrat Berg sprach, wurde festgelegt, daß in Zukunft die Materialien nur noch durch eine Stelle bewirtschaftet werden und durch verschiedene diszentralisierte Fachkontore möglich ist. Der Redner betonte, daß bisher mehrere Stellen in der Lage waren zu kontingentieren, so daß meist eine Stelle die andere in der Bedarfsdeckung überschnitt und meistens die bisherigen Lieferanweisungen hinfällig wurden. Er betonte, die Mißstände dadurch beseitigen zu können. Die anschließende heftige Diskussion, wobei von Seiten des Kreisrates erwähnt wurde, daß bisher unheilsame Zustände waren, ohne daß man sie abgeändert hat und ohne zu wissen, daß die Grundlage dazu tatsächlich da ist, nun aber geordnete Ver-

hältnisse kommen, war so heftig, daß die Gefahr bestand, daß diese Tagung auseinanderfiel. Die Parallele dazu entwickelt sich im Betrieb, da aus dem Mangel an Materialien und Magazinstoffen für gewisse mitverantwortliche Männer eine Nervosität entsteht, welche die Gefahr mit sich bringt, daß man unberechtigt, nach der Meinung der nicht in die Geschäfte einblickenden Belegschaftsmitglieder, Führungskräfte, welche gewillt sind unter den schwierigsten Verhältnissen mitzuarbeiten, entläßt oder sie unnötig belästigt. Es besteht nicht die Gefahr, daß der Betrieb in einer Sackgasse festläuft, jedoch kann er durch das Unverständnis von einigen Männern schnellstens auf die schiefe Ebene gebracht werden. Die große Zahl der Diebstähle bedeutet für die Entwicklung des Betriebes die größte Gefahr.

8) Der Löschteich, welcher gesprengt werden soll, soll nochmals versucht werden freizubekommen, was jedoch mißlingen wird, da der Sprengbefehl unwiderruflich ist.

9) Die notwendigen Baumaterialien, wie Zement und Kalk für die Bauvorhaben in der Halle 3, sind bis heute noch nicht eingegangen.

10) Der Ausfall an Belegschaftsmitgliedern beträgt jetzt ca. 13%. Um alle Aufgaben bis zum Einbruch des Winters zu erledigen, ist Steigerung des Belegschaftsstandes unausbleiblich. Seltsamerweise sind aber durch das Arbeitsamt keine Kräfte zu erhalten.

24. Juli–1. August 1947

1) Die Reichsbahn erläßt uns die Rangierlok-Miete auf RM 22,– pro Tag bis Ende September 1947.

2) Der uns verloren gegangene Bahnpostvertrag wird uns wahrscheinlich wieder durch Erwirken von Herrn Kegel erteilt werden.

3) Durch die Zahlung der neuen Tarife und der Differenzbezahlung von 6 Wochen für kranke Belegschaftsmitglieder, hat sich der Arbeitsausfall bis zu 50% gesteigert.

4) Die finanzielle Lage des Werkes ist durch die Tariferhöhung und durch die neuen Tarifbestimmungen stark gefährdet.

5) Herr Heinz und Herr Vogler versuchen durch alltägliche Motorradfahrten nach Feierabend die Verbindung in der Landwirtschaft zu bekommen, um die Betriebsküche wieder eröffnen zu können. Die Beschaffungsmöglichkeit ist fast 0. Es konnten bisher 5 Ztr. Getreide besorgt werden, wodurch gehofft wird, Mitte August wieder kochen zu können.

6) Die Bezahlung der Lok – Rechnungen von Chemnitz ist noch nicht geklärt.

7) Durch einen Herrn der Industrie- und Handelskammer erfahren wir, daß die Landeseigenen-Betriebe noch keine Rechtsgrundlage haben und sind darüber erschüttert, daß man unsere geordneten Betriebsverhältnisse,

seinerzeit mit in diese wirtschaftliche Unausgeglichenheit hineinwerfen wollte.

8) Der Abbruch der FSI-Gebäude ist beendet. Das Verladen der Materialien soll bis Ende September 1947 erledigt sein.

9) Im gesamten Monat Juli wurde uns keinerlei Holz, noch sonstige Materialien zugeteilt. Alles was beschafft wurde, ging uns auf Grund der eigenen Initiative durch Tauschgeschäfte zu.

2.–26. August 1947

1) Die uns zugeteilte Baracke im SGW-Gelände (siehe Seite 85 Punkt 2) wurde nach mehrtägiger Arbeit abgebrochen und wird nun zum Wiederaufbau der eigenen Produktionsstätte verwendet. Wahrscheinlich wird aus dem Holz der Vorbau der Halle 3 erstellt.

2) Baumeister Pouschka stellt uns die fertigen Unterlagen für den Vorbau der Halle 3 zu.

3) Der beim Abbruch tätige Raupenkran wird eingesetzt, um die große Schrottmenge vor der Halle 3 zu versetzen, damit wir im nächsten Monat mit dem Gleisverlegen außerhalb der Halle beginnen können.

4) Die Trafostation ist hoch- und niederspannungsseitig endgültig fertiggestellt. Wir erwarten den Trafo.

5) Ein Probeheizen der neu eingebauten Heizungsanlage in der Verwaltung ergibt sehr günstige Verhältnisse, so daß wir wahrscheinlich die Verwaltung, wie auch den Betrieb, zum Teil durch Beihilfe der hier im Haus stationierten Firmen im Winter heizen können.

Trotz der bescheidenen Zuteilung von Kohle gelang es uns, einige Tonnen Kohle für die Winterheizung abzusparen.

6) Herr Vogler fährt mit dem Motorrad nach Berlin zur Hauptverwaltung der Deutschen Reichsbahn, um folgende Punkte zu klären:

a) Erhöhen des Durchschnitt-Stundenlohnsatzes (siehe Seite 87, Punkt 4) gemäß des Tarifes.

b) Auf Grund der Tarifbestimmung sich ergebende Gemeinkosten-Erhöhung.

c) Die Abwicklung des Verrechnungsverkehrs, damit keine zu große Störung in der Bezahlung der offenen Rechnungen eintritt. Die Reichsbahndirektion Dresden wollte dies selbst übernehmen, hatte aber diese Sache derartig verzögert, daß wir selbst die nötigen Verhandlungen einleiten mußten. Die Hauptverwaltung Berlin verlangt gewisse Voraussetzungen für die Überprüfung der Rechnungen, welchen nachgekommen werden muß. Ihr werden schnellstens Unterlagen zugestellt sowie eine Rechnung in Höhe von RM 35000,–.

Durch die Umorganisation im Verrechnungsverkehr mit der Deutschen Reichsbahn entsteht eine große finanzielle Lücke, welche durch einen Kredit der Landesbank, welcher bis zum November dieses Jahres getilgt sein muß, in Höhe von RM 25000,– überbrückt wird.

7) Zugleich werden wir einen Auftrag an die Industrie- und Handelskammer stellen zur Genehmigung von einem Verrechnungs-Normsatz nach den neuen Tarifen.

8) Der von uns beantragte Baukredit für den Ausbau unserer Hallen ist bis jetzt noch nicht genehmigt.

9) Das Herz unserer Produktion, die Kesselschmiede, hat sich jetzt sehr gut entwickelt, so daß wir mit dem Ausstoß der ersten schweren Kesselreparaturen rechnen können. Wir erwarten nun durch die Fertigstellung dieser Kessel die Auslieferung von Lokomotiven in erhöhtem Maß.

10) Ein Besuch beim Landesarbeitsamt Sachsen durch Herrn Schwerdtner und unseres Herrn Vogler soll die Möglichkeit zur Einstellung neuer Arbeitskräfte für unsere Kesselschmiede bringen. Die Anforderung der Arbeitskräfte ist jedoch so groß, daß wahrscheinlich der Bedarf nicht gedeckt werden kann, da allein durch die Anforderung für den Bergbau hier in Freital Dienstverpflichtungen nach hier vorgenommen werden müssen.

11) Direktor Baumgärtel vom Zauckeroderschacht spricht selbst bei uns vor, um uns evtl. die Aufträge zur Instandsetzung der Bergwerkseinrichtungen zu übergeben. Diese Reparaturen werden in größerem Maß anlaufen, da man in Freital Pechblende und andere für die Atomenergie wichtige Elemente gefunden hat, welche einen Erzbergbau hier, ähnlich Aue usw., entwickeln lassen. Wir haben diese Aufträge abgelehnt, da wir mit unserer eigenen Produktion nicht nachkommen.

12) Der Krankenstand der Belegschaft beträgt jetzt ca. 20% durchschnittlich und sinkt weiter. Die bevorstehende Kartoffelernte wird jedoch ein Ansteigen der Ausfälle wieder mit sich bringen, wodurch eine weitere Gefahr der Finanzierung des Betriebes sich hinzuentwickelt.

13) Die Zentral-Einkaufsgenossenschaft übermittelt uns einen Auftrag zur Reparatur von 30 Waggonen für ein Ernährungsprogramm, wodurch wir versuchen werden, die im vorigen Punkt aufgeführten finanziellen Störungen auszugleichen.

Außerdem sind noch weitere Privataufträge vorhanden.

14) Die Maximalhütte Unterwellenborn, das im Augenblick größte Unternehmen der Ostzone, will nach Verhandlungen mit dem dortigen Betriebsleiter und Herrn Vogler ihre Betriebslokomotiv-Reparaturen nach hier geben, wodurch wir die Möglichkeit finden werden, uns günstigst auszubauen.

Auch in der Lok-Reparatur sind weitere Privataufträge an Baulokomotiven vorhanden.

15) Durch die ungewöhnlich lang anhaltende Trockenzeit und die große Hitze bestand die Gefahr einer Kartoffelmißernte, so daß die Beschaffung von Lebensmitteln für die Betriebsküche sich zu immer größerer Schwie-

rigkeit entfaltete. Es konnte jedoch trotzdem planmäßig Ende August mit der Wiederaufnahme des Küchenbetriebes, vielleicht auch nur vorübergehend, begonnen werden.

16) Die Materialbeschaffung ist trotz der auf Seite 87 Punkt 7 ins Leben gerufenen Neuorganisation weiterhin schlechter geworden. Wir annoncieren bereits an Privat nach den verschiedensten Materialien und versuchen durch Tausch, uns weiter über Wasser zu halten (siehe einen Zeitungsausschnitt aus einer der vielen Zeitungen, welche für uns inserierten).

17) Die von der Reichsbahn geforderte Schweißerprüfung wurde nur von unserem Schweißer Augsten bestanden, deshalb wurde die Prüfung für sämtliche Schweißer nochmals wiederholt. Die Resultate sind noch offen.

Am 23. August 1947 wurde das einjährige Bestehen der Firma in einer Belegschaftsfeier in Paulsdorf an der Talsperre Malter im Hotel Seeblick gefeiert. Die Belegschaft wurde durch Lastwagen und zwei Sonderwagen der Deutschen Reichsbahn nach dort gebracht und auf gleiche Weise unter Hinzunahme eines Omnibusses wieder nach Freital zurückbefördert. Es nahmen ca. 250 Belegschaftsmitglieder teil. Geboten wurde ein besonders gutes Mittagessen, 2–3 Stückchen Kuchen, zum Abendbrot eine starke, gut belegte Schnitte.

Da die Kreistagung der SED die Kapelle während der Feier beschlagnahmte, wurde die Veranstaltung etwas gestört und verfrüht abgebrochen. Eine nicht schlechte Tombola, eine Zigarettenverteilung und die Stimmung der Belegschaft verhelfen jedoch zu dem restlichen freudigen Erleben. (Die Zigaretten konnten durch Materialtausch erworben werden.)

Damit schließt das erste Betriebs- und Geschäftsjahr der Fa. Mechanische Werkstätten Freital, J. Vogler und es kann gesagt werden, daß die Leistungen, welche in dem ersten Jahr vollbracht wurden, grundsteinlegend für die weitere Entwicklung dieses Werkes sind. Der Aufbau liegt absolut im festen Fundament, obwohl die außerordentlichen, schwierigen wirtschaftlichen Verhältnisse die Entwicklung des Betriebes gewaltig stören.

Der Belegschaftsstand beträgt 290 Belegschaftsmitglieder.

Das Betriebs-Anlagekapital 200000,– RM ausschließlich des RM 25000,– betragenden kurzfristigen Kredites.

Über die Rechtslage des Betriebes nimmt Herr Vogler durch Vertretung des Herrn Kegel mit einem Rechtsanwalt aus Dresden Fühlung, welcher uns beraten und auch die innerbetriebliche juristische Grundlage schaffen soll.

27. August–30. September 1947

1) Herr Dr. Schliesang trifft zu einer grundlegenden Bespechung bezüglich der Rechtsentwicklung unseres Betriebes ein, an der der gesamte Betriebsrat und die Arbeitsgemeinschaft teilnehmen. Siehe oben.

2) Eine von uns gelieferte Schmalspur-Lokomotive entgleist auf der Strecke Hainsberg/Kipsdorf. Nach Klärung der Schuldfrage wird von Seiten der Reichsbahn ein Materialfehler festgestellt an uns vom Reichsbahn-Ausbesserungswerk Chemnitz geliefertem Material. Derartige Vorfälle sind für unser Unternehmen ein derartig großes Risiko, welches sich versicherungsmäßig nicht decken läßt, und somit der Betrieb in Frage gestellt sein kann.

3) Der Reichsbahndirektion Dresden sowie der Hauptverwaltung Berlin wird unterbreitet, daß wir nach Umorganisation der Reichsbahnverhältnisse, siehe Seite 89 Punkt 3, um baldige Kündigung der bestehenden Reichsbahnverträge bitten und ersuchen den Abschluß eines neuen Vertrages mit der Hauptverwaltung.

4) Betriebsrat Richter und Herr Vogler werden erstmalig zum Arbeitsgericht bestellt, um wegen einer fristlosen Entlassung von zwei Arbeitern, welche schlafend bei der Arbeit angetroffen wurden und besonders aufsässig waren, zu verhandeln. Die Klage geht zu Gunsten der Firma aus, obwohl die Gewerkschaft beide Männer vertrat.

5) Die von Berlin zu erwartenden Rechnungsbeträge trafen erstmalig Mitte September ein, siehe Seite 87 Punkt 4. Erhebliche Schwierigkeiten waren allerdings hierbei durch mehrfache Besuche des Herrn Vogler in Berlin zu überbrücken, so daß auch für die Zukunft noch kein klarer Ablauf der Finanzierung zwischen der Reichsbahn und der MWF besteht.

6) Die Differenzforderung an die Deutsche Reichsbahn zwischen den früher gezahlten Stundenlöhnen und den neuen, durch die Tarife gezahlten Löhnen beträgt jetzt bereits RM 20000,–.

Wir müssen dringendst den Differenzbetrag von der Hauptverwaltung Berlin anfordern, da wir sonst Störungen in der Lohnzahlung erhalten.

7) Die Erhöhungen der Gemeinkosten sind ebenfalls noch nicht in Berlin entschieden, obwohl unsere Unterlagen wunschgemäß dort vorliegen und uns bereits gewisse Zusagen gemacht wurden.

8) Der Antrag auf Anerkennung von Preisen für Teilefertigung an die Industrie- und Handelskammer wurde gestellt.

9) Der Antrag auf Erhöhung der Gemeinkosten wird dann nach dort folgen, siehe Seite 90, Punkt 7.

10) Der auf Seite 90, Punkt 8 beantragte Baukredit wird vorläufig zurückgestellt.

11) Nach mißglückter Motorradfahrt nach Naumburg, besucht Herr Vogler einen dortigen Vertreter, um einen Federhammer für unsere Lok-Schmiede zu kaufen und erhält auch dessen Zusage.

12) Das erwartete russische Sprengkommando trifft in der FSI ein. Es werden Fotografien von den zu sprengenden Objekten vor der Sprengung gemacht. Die Russen werden in der Verwaltung in zwei leer gemachten Büroräumen untergebracht und verpflegen sich in unserer Küche. Die

Kohle, welche wir dafür stellen müssen, soll durch Holz vom Pumpenhaus ausgeglichen werden. Im freien Arbeitseinsatz stellen sich einige Zimmerleute zur Verfügung und werden am Sonntag, den 28.9.1947 von dem russischen Major Samsanov von ihrer Arbeit verwiesen. Darauf wird Herr Vogler zur Verantwortung gezogen, da er angeblich ohne Befehl selbständig gehandelt hätte. Ein von Karlshorst beorderter Offizier spricht jedoch dagegen und klärt die Sache dahingehend, daß das Holz dem russischen Major ausgehändigt wird.

Geplant war, das gute Holz für Bauzwecke der Stadt Freital und der MWF zuzuführen, und die Bruchstücke als Prämie den in der Sonntagschicht arbeitenden Männer zuteil werden zu lassen.

13) Am 28.9.1947 wurde der letzte Träger der hier zum Abbruch gekommenen Hallen und Konstruktionen verladen und abtransportiert. Damit endet die Abbruchperiode und stellt den Beginn der nun freiwerdenden Sprengzeit dar.

14) Die Beschaffung der Nahrungsmittel für die Küche gestaltet sich immer schwieriger. Die Methoden, unter welchen diese Nahrungsmittel herangebracht werden müssen, sind nicht mehr würdig für ein Unternehmen wie das unsrige, andererseits wird damit die Verpflegung der Leute in Frage gestellt. Es ist erstaunlich, daß die Versicherungsanstalt, die Landesregierung und andere Behörden Werksküchen aufrecht erhalten können, und ein so lebenswichtiger Betrieb wie unser Lokomotiv-Werk, keine Möglichkeit findet, geordnete Verhältnisse diesbezüglich zu schaffen, um ein einfaches Essen verabreichen zu können. Angeblich soll die Zuteilung ab 1. Oktober 1947 von der Stadt Freital aus erfolgen. Wir sind jedenfalls fest der Überzeugung, daß dies nicht von Dauer sein kann und auch nicht in der Größe erfolgen kann, wie notwendig, so daß wir unsere aufgenommenen Beziehungen nicht fallen lassen können.

15) Fertigstellung der ersten weiter entwickelten komb. Fräsmaschine mit schwenkbarem Motor und Welle.

16) Obwohl eine Verfügung besteht, daß keine Spezialkräfte zur Polizei oder zum Transportschutz zugelassen sind und der MWF von Seiten des Landesarbeitsamtes eine Bestätigung zuteil wurde, daß keine Arbeitskräfte entzogen werden dürfen, befürworten untergeordnete Arbeitsamtsdienststellen in Dresden und Freital, unter angeblicher Fürsprache eines Polizeioffiziers, den Abgang eines Lok.-Vorarbeiters und Lok-Spezialschlossers zur Polizei-Transportkolonne.

17) Auf einer Fahrt nach Chemnitz, an der Herr Schwerdtner, RBD und Herr Vogler teilnehmen, wurde ein ausgebranntes Radial-Bohrwerk sowie eine Langhobelmaschine besichtigt, welche für unsere Kesselschmiede gekauft werden sollen. Die Zusage war bereits bis zum Verladen erledigt, plötzlich behält sich jedoch die Deutsche Reichsbahn den Entscheid von Berlin vor, der uns noch nicht zugegangen ist.

18) Wir erhalten von der Landesregierung ein Schreiben, aus welchem hervorgeht, daß die uns nun bereits viermal fertiggestellte Vertikal-Fräsmaschine einer Firma in Mittweida zugeteilt worden ist. Wir erfahren jedoch nach Rücksprache, daß diese Firma weder eine Maschine braucht noch angefordert hat und erhalten den Bescheid, daß unsere alte Bestellung aufrecht erhalten bleibt. Ähnliche Sachen sind uns oft mit Bedarfsdeckungsscheinen und Zuweisungen versehentlich zugeteilt worden, so daß dies mit ein Zeichen der Organisation dieser Amtsstellen ist.

19) Im Monat September wurden erstmalig 3 Loks, Schadgruppe 4 fertiggestellt. Bei weiterem Einsatz der entsprechenden Belegschaftsmitglieder wird es möglich sein, drei Lokomotiven pro Monat in den nächsten Monaten als Normalausstoß beizubehalten.

20) Die Landesregierung Sachsen erteilt einen Stromzuteilungsplan, wodurch jede Firma eine halbe Woche Tagschicht und eine halbe Woche Nachtschicht arbeiten muß. Wir verfahren in einem Betrieb in dieser Art und in einem anderen dreischichtig. Diese Regelung tritt am 6. Oktober 1947 in Kraft und wird uns wiederum erneute Schwierigkeiten bringen.

21) Der uns seit einem Jahr zugeteilte Trafo, siehe Seite 89 Punkt 4, ist fertiggestellt und wird in unserer ehemaligen Trafo-Station, in welcher die Seifen-Fabrik Wehner untergebracht ist, eingebaut. In ca. 8 Tagen sollen die Maschinen davon Strom entnehmen, wenn nicht durch die Sprengungen das Zuleitungskabel bis dahin zerstört ist.

22) Unser Lastwagen fällt einige Wochen aus, da die Reifen vulkanisiert werden müssen. Unser Lieferwagen Essex erhält einen neuen Motor und wird weiterhin auf Generatorgas gefahren.

Der gesamte Transport wird jetzt durch einen Elektrokarren aufrechterhalten.

23) Für unser Kesselhaus ist der Schornstein um 20 m gekürzt worden. Die Dreiteilung durch Einziehung von Wänden im Schornstein ist ebenfalls beendet. Dadurch erhält jetzt der Kessel der Seifenfabrik Wehner und MWF einen eigenen Abzug.

24) Die Zeichnungsunterlagen für die Heizung in der Halle 3 sind fertiggestellt. Am 30.9.1947 wird mit dem Einbau der Heizungsanlage begonnen.

25) Im Augenblick sind drei Wochen hindurch starke Produktionsausfälle zu verzeichnen, da der größte Teil der Belegschaft seinen Urlaub zum Kartoffel-Herausmachen in die jetzige Zeit verlegt hat.

26) Der zweite Spezialwaggon für die Fa. Rheintaler zum Transport von Wasserstoffgas ist fertiggestellt.

27) Die ersten 10 Waggone für die Zentral-Einkaufsgenossenschaft sind ebenfalls geliefert.

28) Die Zuteilung von Material soll nun in diesem Quartal durch die Reichsbahn erfolgen. Wir werden demzufolge längere Zeit ohne Beliefe-

rung bleiben, da die Reichsbahn für die Einspielung dieser neuen Methode eine geraume Zeit braucht.

29) Nachfolgend wird der Entwicklungsstand der hier im Werk eingemieteten Firmen aufgeführt.

Fa. Geyer & Co. arbeitet mit 4 Mann im Elektro-Gerätebau.

Fa. Kujofra arbeitet mit ca. 30 Schneiderinnen.

Die Versicherungs-Anstalt ist mit ca. 150 Mann hier untergebracht.

Das Konstruktionsbüro Dr. Baake arbeitet mit 2 Konstrukteuren hier im Haus.

Die Zigarettenpapier-Fabrik Fortuna produziert Zigarettenpapier. Der Belegschaftsbestand beträgt 8 Mann.

Die Seifenfabrik – Wehner hat den größten Teil der Einbauten in der ehemaligen Trafostation beendet und geht nun über zum Aufbau der mech. und maschinellen Einrichtungen. Der Kessel der Seifenfabrik Wehner ist nun eingetroffen und soll eingemauert werden.

Fa. Federovski, Spirituosenfabrikation mußte wegen Sprengung der Räume wieder ausziehen.

Fa. Kawe, Fotoalbenfabrikation, führt mit 3 Personen in den gemieteten Räumen ihre Arbeiten aus.

Fa. Schmiedel, Zylinderschleiferei, hat einige Maschinen in der ehemaligen Frauengarderobe aufgebaut und schleift die ersten Zylinder. Belegschaftsstand 4 Mann.

Fa. Görldt, Tapeziererei, arbeitet mit 8 Mann an Polsterarbeiten.

Lederfabrik Sohre, lagert zum zweiten Mal Rinde ein.

30) Die Eingabe zur Baugenehmigung des Vorbaues vor die Halle 3 wurde an das Bauamt eingegeben. Die Kosten werden sich auf ca. 13000,– RM belaufen.

31) Die Telefon-Anlage im Verwaltungsgebäude ist endgültig fertiggestellt.

32) In einer Gewerkschafts- und Betriebsgruppenversammlung werden dem Vortragenden der Gewerkschaft starke Vorwürfe gemacht in Bezug der Arbeit des F.D.G.B. Die Belegschaft fordert berechtigte Unterstützung für ihre schwere Arbeit. Die Behörden betrachten ihre Arbeit als genau so untergeordnet wie jede andere Spielzeugfabrikation. Die Entgegnung des Gewerkschaftsvertreters bringt immer wieder alte, bekannte Methoden, welche bisher noch nie zu einem Ziel geführt haben. Die Belegschaft ist nach dieser Versammlung sehr unzufrieden.

33) Die Kesselschmiede sind von ihrer Arbeit derartig eingenommen, daß sie Lohnforderungen stellen, welche in keinem Einklang zu den normalen Löhnen unseres Betriebes stehen. Ein kurzer Streik dieser Belegschaftsmitglieder, welcher durch den Betriebsrat und die Betriebsleitung wieder geschlichtet wird, war die Auswirkung.

1. Oktober–15. November 1947

1) Dem Vizepräsidenten des RAW Dresden wird mitgeteilt, daß, wenn wir nicht endlich finanzielle Mittel zur Differenzzahlung zwischen den alten und neuen Tarifen erhalten, die Firma keine Möglichkeit mehr hat, ihren Verpflichtungen der Sozialklasse gegenüber nachzukommen. Es sind dies bis jetzt RM 50000,– Sozialschulden. Der Vizepräsident setzt sich mit Berlin in Verbindung, kann aber nichts Positives erreichen. Verschiedene Fahrten nach Berlin durch Herrn Vogler und Kegel bringen wenigstens den Abschluß soweit, daß die Löhne von RM –,98 pro Stunde im Verrechnungssatz von 1,15 in der Waggon-Reparatur und 1,20 in der Lokomotiv-Reparatur bewilligt werden.

Der dortige Direktor der Hauptverwaltung Berlin versprach die endgültige Klärung und den Neuabschluß der Reichsbahnverträge in die Hand bis Ultimo Oktober 1947, jedoch sind dieselben bis zum heutigen Tage noch nicht zum Abschluß gekommen, da der genannte Direktor keine Möglichkeit zu einer vernünftigen Unterredung bietet. Er legt alle Besprechungen und Verantwortung in die Hände eines Sachbearbeiters (früheren Kesselschmied), dessen Kompetenz aber soweit geht, daß er Entscheidungen treffen darf. Die finanziellen Verpflichtungen des Werkes kommen dadurch derart in Bedrängnis, daß immer wieder ein Kredit, welcher durch geleistete Arbeit gedeckt wird, das Zahlen der Löhne und Gehälter ermöglichen muß.

Entgegen der Verordnung, daß Berlin sämtl. Rechnungen direkt an die MWF überweist, sind nun, nachdem bereits 4 Monate vergangen sind, dieselben nochmals von der RBD Dresden gezahlt worden, so daß eigentlich die ganze Umorganisation weiter nichts als ein fürchterliches Chaos in die Betriebsverwaltung gebracht hat.

2) Vorübergehend mußte die Werksküche wieder geschlossen werden. Entgegen einer Anordnung der Landesregierung müssen immer wieder Kreissägen gebaut werden, um die Aufrechterhaltung der Werksküche zu ermöglichen.

Die Beschaffung der Lebensmittel für die Werksküche sollte gemäß Punkt 14 Seite 93 ab 1.10.1947 die Stadt Freital übernehmen. Dies traf nicht zu. Neuerdings soll die Verpflegung durch die Landesregierung übernommen werden gemäß eines Befehls des Marschalls Sokolovskij. Die MWF wurde angeblich, obwohl wir stark daran interessiert waren, zu dieser Zuteilung zu kommen, vergessen, da man unsere Produktion noch nicht kennen würde. Verschiedene Firmen (landeseigene und Reparations-Betriebe) haben bereits die erste Zuteilung erhalten. Für die MWF, die nach dem Befehl vordringlichst beliefert werden muß, sind vorläufig nur befürwortende Schriftstücke zugestellt worden.

3) Für die Kantine ermöglichten wir durch Kompensation eine Zuteilung von Waschmitteln.

4) Ein Antrag auf Genehmigung von Arbeitskleidung für 12 Mann des Betriebes läuft bereits seit einigen Monaten, obwohl er befürwortet wurde.

5) Gemäß Punkt 28 Seite 94 soll die Zuteilung von Materialien im letzten Quartal durch das RAW Dresden vorgenommen werden. Dies ist eine Anordnung der SMA. Die Landesregierung weigert sich bereits, uns weitere Zuteilungen zu machen. Nachdem nun viele Planungsarbeit und Eingaben über Materialbedarf an die Reichsbahn gerichtet wurden und hin und her korrespondiert wurde, lehnt jetzt die Reichsbahn die Zuteilung ab, da die Hauptverwaltung Berlin plötzlich ihre Zusage verweigert. Die Firma ist somit wieder ohne Materialzuteilung. Die Zentralverwaltung Berlin, Fahrzeugbau, behauptet allerdings, daß darüber noch gar keine Klärung von Seiten der SMAD, Karlshorst vorliegt und wir uns gedulden müssen.

Die drei größten Waggon-Fabriken Sachsens, die angeblich in die Zuteilung einbegriffen sind, sind auch vorläufig ungeklärt. Ein uns übermitteltes Telegramm befiehlt vorläufigen Stopp von Holzanlieferung, da sämtl. Bedarfsscheine gesperrt werden. Dies betrifft sämtl. Waggon-Fabriken. Der Grund hierfür ist unbekannt. Dies betrifft wieder sämtl. Waggonfabriken Sachsens.

6) Die auf Seite 93 Punkt 17 genannten Maschinen, welche dringlichst für unsere Kesselschmiede benötigt werden, sind nach einer Rücksprache in Berlin uns nun genommen worden, da jetzt, nachdem wir uns um die Sicherstellung derselben bemüht haben, die Reichsbahndirektion Chemnitz selbst dafür Interesse hat.

7) Der Stromzuteilungsplan Seite 94 Punkt 20 braucht nicht eingehalten zu werden, da wir von der Landesenergiestelle eine Anweisung erhielten, daß wir auf Grund unseres vordringlichen Programmes nicht mehr vom Strom abgeschaltet werden. Durch den Einbau des neuen Trafos, der jetzt angeschlossen ist, ist dies durchführbar.

8) Die Lok.-Miete wird nach Verhandlungen in Berlin von RM 40,– auf RM 22,– pro Tag herabgesetzt.

9) Das Seite 92 Punkt 12 genannte Sprengkommando beginnt mit den Sprengarbeiten im FSI.-Gelände. Die Sprengladung von 5,– kg pro Schuß wird von 40,– kg zuletzt bis auf 10 à 5,– kg Minen erhöht. Die dadurch entstehenden Schäden sind furchtbarster Art. Das Dach des Verwaltungsgebäudes wird stark beschädigt. Das Dach der Halle, welche kurz zuvor winterfest gemacht wurde, erhält über 550 gezählte Löcher, welche teilweise bis zu 8 qm groß sind.

Die ehemalige Trafostation wird stark beschädigt, die dort lagernden Schrottstapel gegen die Hauswand gedrückt, so daß die Durchfahrten versperrt sind.

Bei der Sprengung des Pumpenhauses entstehen Wasserrohrbrüche, die Anfahrtstraße zum Werk sowie die Hüttenstraße werden verschüttet.

Auf dieser Straße liegt der Schutt bis zu 1,50 m hoch.

Die an der früheren Halle 1 stehenden Schornsteine wurden so gesprengt, daß diese in ihrer Längsrichtung aufplatzten, und die Ziegelstücke weit in der Umgebung verstreut wurden, wodurch das ehemalige kleine Pförtnerhaus schwer beschädigt wurde. Die dort wohnende Familie Stenzel mußte auf mehrere Wochen, bis zur Instandsetzung der Dächer, im Speisesaal der MWF untergebracht werden. Die Möbel und Einrichtungen wurden zerschlagen, die Wohnung verwüstet.

Der Luftdruck bei der Sprengung der Halle 2 riß einen Kabelkanal in der ehemaligen Halle 4 auf, wodurch die Schiebebühne für die Waggon-Reparatur so gestört wurde, daß kein Waggon mehr aus- und eingesetzt werden konnte.

Der Feuerlöschteich sollte nach Rücksprache mit der Zentralkommandantur, der Landesregierung, der SMA, des Oberbürgermeisters der Stadt Freital usw. unter Aufsicht eines deutschen Sprengmeisters gesprengt werden, welcher garantierte, daß dabei keinerlei Schäden entstehen würden. Entgegen dieser russischen Anordnung begann das Sprengkommando gerade dort, wo sich unser Hauptzuleitungskabel für die Trafostation befindet und wo das Gebäude der ehemaligen Frauengarderobe mit den wertvollen Maschinen der Zylinderschleiferei Schmiedel steht, 6 tiefe Sprenglöcher zu graben und sprengte den Teich mit ca. 30 Minen. Nur dem Glücksumstand ist es zu verdanken, daß einige Minen in der Nähe des Radial-Bohrwerkes dieser Firma nicht scharf wurden, andernfalls das ganze Gebäude, welches schwer beschädigt wurde, eingestürzt wäre. Die angrenzenden Häuser auf der Hüttenstraße sind dabei schwer beschädigt worden.

Bei der Sprengung des Sauerstoffbunkers in der Nähe des Gebäudes ist unsere Garage restlos zertrümmert worden.

Die Zentral-Kommandantur verlangte außerdem die Sprengung des Lok-Schuppens. Wir haben versucht, dieses abzulenken und immer wieder auf die Gaszentrale hingewiesen, welche ebenfalls beseitigt werden sollte. Ein Offizier der Zentral-Kommandantur Dresden empfiehlt schnellstens Abbau des Gebäudes, damit die Fundamente gesprengt werden können. Bei der Sprengung allerdings wird unser Lok-Schuppen, das Kesselhaus und die Halle 3 schwerste Beschädigung erleiden. Wir hoffen, daß nun, nachdem die Firma Ladwig, Dresden dieses Gebäude abträgt, diese Sprengung vergessen wird, da am gestrigen Tag das Sprengkommando abgezogen ist und nur noch 4 Mann desselben hier stationiert bleiben.

Hoffentlich wird der Fa. Ladwig nicht nachher das Material von Seiten der Fa. Hünich und Löwe entzogen, was aber nicht unsere Angelegenheit sein soll.

Das russische Sprengkommando wird von Tag zu Tag verstärkt, und wir mußten die Hälfte unserer Verwaltungsräume frei machen, damit dieses Kommando untergebracht werden konnte. Dies war eine besondere Belastung für die MWF, da allein schon sämtl. Kohlen zur Feuerung für die russische Küche gestellt werden mußten.

Fa. Kujofra mußte infolge der vielen zerstörten Fensterscheiben ihren Betrieb für einige Tage schließen, da durch die eintretende Kälte die dortigen Leute nicht arbeiten konnten.

Obwohl sofort mit den Wiederaufräumungsarbeiten, Instandsetzung der Dächer und Einziehen der Fensterscheiben begonnen wurde, ist bis zum heutigen Tage noch nicht ein geringer Teil der zu behebenden Schäden gedeckt. Eine Bitte an die Landesregierung um Beistellung von wenigstens RM 8000,– ist verhallt. Der Produktionsausfall der Firma betrug ca. RM 30000,–. Die Beschaffung von Holz geht auf Kosten der in der Halle 3 einzuziehenden Decken. Die Dachpappe mußte auf Kompensationsweg beschafft werden. Die Unkosten dieser Schäden können nur durch Verkauf von hier lagerndem schrottwertigen Material gedeckt werden.

Dieses Sprengen stellt eine enorme seelische Belastung für die Belegschaft sowie die Führungskräfte dar, da die Schäden widererwartend größer waren, als vorher vermutet werden konnte.

10) Zu all den Sorgen, die sich hieraus um den Betrieb entwickeln, verlangt jetzt die Fa. Hünich und Löwe, daß wir sofort, lt. Anordnung der Kommandantur, alle Materialien bezahlen, welche wir aus den gesprengten Gebäuden herausziehen konnten, und womit wir unsere Schäden wieder reparieren können, da diese Firma einen Vertrag mit dem Demontage-Offizier abgeschlossen hätte, der besagt, daß sie berechtigt ist, sämtl. Materialien, die angefallen sind, zu verkaufen. (Nachkriegsgewinnler)

11) Das Gleiseverlegen, der Aufbau der Heizung, Einzug der Decken wären ordnungsgemäß bis Dezember d.Js. durchführbar gewesen, wenn nicht die oben genannten Sprengungen stattgefunden hätten. Wir kommen dadurch mit unserer Winterfestmachung mitten in den Winter. In den Räumen der Verwaltung mußten deshalb auch wieder kleine Öfen gesetzt werden.

12) Die Zuteilung an Kohle beträgt für Monat November 15 t Braunkohle und besteht nur aus Kohlenstaub, wovon allein 23 Ztr. pro Tag die Rangierlok verbraucht. Wir werden daher wieder gezwungen sein, Kohle durch Kompensation zu beschaffen.

13) Das kleine Haus für die Verwaltungsheizung muß gründlich renoviert werden.

14) Planungsgemäß soll die Außenwerkstatt bei der Fa. Sening im Dezember nach der FSI verlegt werden. Es laufen bereits einige Maschinen von Sening in Halle 3a, und der Umzug soll Ende Dezember erfolgt sein, da sich bei der Fa. Sening ein russisches Kommando niedergelassen hat, welches eine Steinkohlenwäsche zur Verwendung des Uran dort einrichtet.

15) Mit dem Tag an dem die Sprengungen hier beendet waren, setzte eine Regenperiode ein, die unsere Instandsetzungsarbeiten und Winterfestmachung des Betriebes ungemein erschwerte. Die Belegschaft in sämtl. Abteilungen arbeitet teilweise in solchen Wasserpfützen, daß hohe Lattenro-

ste gelegt werden mußten. Die Maschinen sehen bei Beginn der Arbeit frühmorgens verrostet aus. Die Stimmung der Belegschaft ist dadurch nicht besonders gut.

16) Herr Schwerdtner vom RAW Dresden beschuldigt die Firma wegen zu geringem Ausstoß und drängt auf Abstellung von Privatreparaturen. Demgegenüber aber müssen wir uns entschließen, noch mehr Privat-Lok- und Waggon-Reparaturen anzunehmen, da wohl von der Reichsbahn das Waggon-Reparatursoll erhöht worden ist, aber weder Schadwaggone noch Materialien zugestellt wurden.

17) Die Lok-Reparatur ist in den finanziellen Möglichkeiten derartig hinhaltend, daß es notwendig wird, im Anfang des kommenden Jahres eine Abteilung aufzubauen, welche nur noch Privataufträge erledigt.

18) Unser Baumeister Bouschka, welcher seinerzeit die FSI aufgebaut hat und den Umbau des Werkes leitete, ist plötzlich nach Jugoslawien abgereist und folgt damit dem Beispiel tausender von Ingenieuren, Ärzten und Technikern.

19) Im Betrieb werden überaus viel Kommissionen gebildet, z.B. Unfall-Kommission, Arbeitsinspektions-Kommission, Planungs-Kommission, politische Betriebsgruppen und andere, ohne dabei einen Erfolg ihrer Arbeit zu erkennen, da die Einwirkungen anderer Art die Entwicklung unserer Produktion bestimmen und wahrscheinlich politische Spitzenkräfte von dem Aufbau und der Entwicklung der Wirtschaft noch immer wenig Ahnung haben.

20) Die Tischlerei ist bereits in ihren neuen Raum eingezogen.

21) Die Lok-Schlosserei ist im Umbau begriffen.

22) Die entwickelte komb. Holzbearbeitungsmaschine ist praktisch serienreif und wird wieder erneut gebaut.

24) Wird die Londoner-Konferenz für uns klarere Richtlinien bringen?

16. November–15. Dezember 1947

1) Gemäß Seite 96 Punkt 2 ist immer und immer wieder bei der Landesregierung und dem FDGB wegen der Werksküchenverpflegung vorgesprochen worden. Bis zum heutigen Tag jedoch ohne Erfolg. Die Befürwortungen liegen jetzt vor von Seiten der Arbeitsinspektion, dem Land- u. Kreisvorstand des FDGB, Ministerialdirektor Fellig (Handel und Versorgung), Ministerialrat Gottschalk (Verkehr), Ministerialrat Haupt (Sekretariat Minister Selbmann) und trotzdem noch keine Möglichkeit, Verpflegung zu erhalten.

2) Ein Besuch des Ministerialrat Haupt im Auftrag von Minister Selbmann brachte es mit sich, daß wir vordringlich Holz zur Winterfestmachung und finanzielle Hilfe erhalten sollten.

Nach mehrmaligen Vorsprachen bei den zuständigen Kontingent- und Materialbewirtschaftungsstellen wurde uns trotz der Befürwortung immer wieder geäußert, wo nichts ist, kann man nichts geben.

3) Ein Antrag über Zusatzbekleidung, welche noch vor Weihnachten zur Verteilung kommen soll, und ein Antrag für finanzielle Hilfe ist befürwortet und läuft noch.

4) Die Küche hat keinerlei Lebensmittel mehr zum Kochen. Es war möglich, noch bis zum 15.12.47 Suppen zu kochen. Für das Weitere ist noch keine Möglichkeit in Aussicht.

Wir haben erneut darauf hingewiesen, daß für die Kesselschmiede, die Lok- u. Bremsschlosser ohne Mittagessen die tägliche Arbeit nicht durchzuhalten ist.

Die Heranbringung von Lebensmitteln für die Küche ist, um ein Beispiel anzuführen, z.Zt. ungefähr folgende: Herr Heinz und der Kraftfahrer Mittag werden früh zu drei verschiedenen Landwirten geschickt, welche uns versprachen, kleine Mengen Getreide oder Kartoffeln zu besorgen.

Diese drei Gehöfte liegen ca. 35 km auseinander. Der teilweise überbeanspruchte kleine Lieferwagen mit abgefahrenen Reifen sollte diese Fahrt bewerkstelligen. Nachts 2 Uhr bleibt dieser Wagen dann nach mehreren Störungen auf der Landstraße liegen. Der Kraftfahrer Mittag läuft ca. 10 km ins Werk, um den Lastwagen zu holen und läßt den kleinen Lieferwagen ein Stück mit einem Personenwagen schleppen. In später Nachtstunde kommt dann der Transport hier an, und der Erfolg 70 Pfd. Möhren, d.h. 1 1/2 Mittagessen für die Belegschaft.

Die Zubringung von Lebensmitteln durch Kompensation in unserem Betrieb in dieser Art und Weise geht nun seit Monaten.

5) Die entstandenen Sprengschäden sind zum Teil durch das für den Einzug der Zwischendecken vorgesehene Holz beseitigt, jedoch ist noch keine Dachpappe aufgezogen, so daß die Männer und die Maschinen in Pfützen stehend arbeiten. Zum Glück schwankt die Außentemperatur nur zwischen minus und 2° plus. Die Zwischendecke ist teilweise mit Blechen, alten Schränken usw. abgedeckt.

6) Das bisherige Magazin in der Halle 3a wurde abgebaut und in die ehemalige Meisterstube Halle 3b untergebracht und ausgebaut.

7) Die schwerbeschädigte Wohnung im Pförtnerhaus ist wieder beziehbar. Das Dach dieses Häuschens ist bereits wieder endgültig hergestellt.

8) Am Dach der Verwaltung wird noch gearbeitet.

9) Die ehemalige Trafostation ist provisorisch gedeckt.

10) Die Werkstatt von der Autoschleiferei Schmiedel ist provisorisch gedeckt, und die Decke abgestützt. Es fehlt jedoch an etwas Zement, um die Mauer zu bauen.

11) Für die Winterfestmachung, zur Beseitigung der Sprengschäden und der genehmigten Bauvorhaben, ist von keiner Stelle wenigstens 1 Sack Zement aufzubieten. Die Landesregierung selbst kann nicht vermitteln.

12) Kirberg, Heinz und Vogler sprechen bei Ministerialrat Falkenberg vor, wegen Klärung der Rechtsverhältnisse in Bezug auf Materialverfügungen im gesprengten FSI-Gelände. Die Landesregierung war hier und verlangte die von Herrn Löwe zu Major Samsanov gestellten Verträge und will in kürzester Zeit endgültige Klärung schaffen. Siehe Seite 99 Punkt 10.

13) Von Berlin wird uns mitgeteilt, daß wir eine Genehmigung zur Zahlung der vom 1. Juli 1947 freigegebenen Lohntarife vom Amt für Arbeit und Sozialfürsorge beibringen müßten. Nach mehreren Vorsprachen bei dieser Amtsstelle der Landesregierung erreichten wir eine Befürwortung, welche sofort nach Berlin gegeben wurde. Herrn Kegel ist von dort telefonisch mitgeteilt worden, daß die ersten Verrechnungen und der Differenzbetrag zwischen den alten und neuen Löhnen seit Juli zur Anweisung gelangt wären. Damit dürfte die neue Zahlungsregelung entsprechend unseres alten Reichsbahnvertrages zum Abschluß gekommen sein. Im Grunde ist jedoch zu bemerken, daß während der halbjährigen Verhandlungen noch keine Stelle überprüft hat, ob unsere Eingaben richtig sind, sondern man bisher immer nur den Weg suchte und den verantwortlichen Mann, welcher die neue Zahlungsart und Erhöhung verantworten sollte. Siehe Seite 96 Punkt 1.

14) Die Sozialversicherungsschuld des Betriebes beträgt jetzt wieder, obwohl schon inzwischen gezahlt wurde, RM 60000,–, und kann erst getilgt werden, wenn die ersten Zahlungen von Berlin eingehen. Die finanziellen Verpflichtungen der Hauptverwaltung Berlin zu uns sind am Ende des Jahres ca. RM 105000,–, wozu noch ein weiterer Umsatz von ca. RM 25000,– anderweitiger Aufträge hinzukommt.

15) Gemäß Seite 97 Punkt 5 ist bis heute noch keine Klärung vorhanden, von welcher Stelle uns in Zukunft Materialien zugeteilt werden. Eine letzte Sitzung bei der Landesregierung soll angeblich entschieden haben, daß wir unsere Materialien nun wieder durch die Reichsbahn beziehen sollen. Die Planung aber für das II. Quartal 1948 mußten wir schon wieder an die Landesregierung machen. Die bis jetzt verwendeten Materialien wurden teilweise von der Landesregierung und der Reichsbahn sowie aus Privataufträgen erbeten und erhalten.

16) Seite 99 Punkt 12 zeigt die Kohlezuteilung. Wir erhielten für Dezember 1947 15 t Kohle anstatt 60 t, die so mit Lehm durchsättigt ist, daß diese die Feuerungsroste verklebt und keinerlei Heizwerte aufbringt. Die Kohle wurde von uns beanstandet.

17) Gemäß Seite 97 Punkt 7 betragen im Monat Dezember 1947 die Unkosten durch Stromabschaltungen RM 62,–, gegenüber Oktober von RM 4000,–.

Der Erfolg der Aufstellung des so schwer erhaltenen Trafos ist damit mehr als bewiesen.

18) Der Betrieb erhält von Seiten des FDGB von sogenannten aufgedeckten Hamsterlagern 15 Paar Schuhe zur Verteilung an die Belegschaft, teils Filz-, teils Lederschuhe.

19) Die letzten Maschinen von Fa. Sening Seite 99 Punkt 14 werden von Fa. Sening nach hier geholt.

20) Der auf Seite 98 genannte Lokschuppen ist von der Sprengung noch nicht freigegeben.

Herr Vogler verhandelt diesbezüglich nochmals in Berlin. Von dort kam zur Antwort, daß nichts weiter unternommen werden sollte.

Nachdem jedoch am heutigen Tage nochmals die Zentralkommandantur vorsprach und mit einer erneuten Sprengung warnte, wurde Berlin sofort wieder benachrichtigt, uns umgehend Mitteilung zu machen, was in dieser Angelegenheit jetzt wird. Die politischen Stellen versuchten bereits bei der SMA Dresden einen Erfolg zu erzielen, stellten jedoch ihre Arbeit durch den vorgenannten Bescheid von Berlin wieder ein. Die Angelegenheit ist sehr dringend, da andernfalls unsere Lok-Reparatur zum Ausfall kommt. Siehe Seite 83 Punkt 14.

21) Der Bau eines Kranes in Halle 3b für die Kesselschmiede ist geplant. Vorbereitungen dazu werden getroffen.

22) Bei Behörden, dem FDGB und politischen Stellen spricht man jetzt oft von den Mechanischen Werkstätten, welche wahrscheinlich landeseigen werden. Siehe Seite 78 Punkt 2 und Seite 78 Punkt 4.

16. Dezember 1947–20. Januar 1948

1) Mit dem Bau des Kranes in der Halle 3b wird konstruktiv begonnen.

2) Die seit 1½ Jahren bestellte und uns durch die SMA mehrmals beschlagnahmte Fräsmaschine ist nun endlich eingetroffen. Siehe Punkt 18, Seite 94. Die Bezahlung der Maschine erfolgte durch einen Wiederverkauf.

3) Von einer Weihnachtsfeier wurde in diesem Jahr abgesehen, da die allgemeinen Voraussetzungen für das Fest fehlten. Es wird anstelle dessen ein Wintervergnügen stattfinden.

4) Um die Anerkennung der Arbeit der Belegschaft zu beweisen, wurde trotz der schweren finanziellen Lage an jedes Belegschaftsmitglied RM 10,– als Weihnachtsgratifiktion ausgezahlt.

5) Am 2.1.1948 erfolgte die Jahres-Betriebsinventur.

6) Gründung eines von dem FDGB geforderten Planungs-Ausschusses, dem einige leitende Herren des Betriebes angehören. Die Planung erfolgt dann durch gewählte Belegschaftsmitglieder der jeweiligen Abteilung.

7) Vorübergehend wurde die Küche wieder geschlossen und nur durch den Verkauf von einigen angefertigten Kreissägen war es möglich, hier und da einige Zentner Getreide heranzubekommen, so daß jetzt Tag für Tag Kornsuppe gekocht wird.

Die Zuteilung auf den Befehl 234 ist noch nicht genehmigt. Von Seiten des FDGB wurde mitgeteilt, daß eine Stenotypistin der Landesregierung vergessen hätte, die Rückseite eines Antrages, auf welcher unsere Firma stand, abzuschreiben, so daß eine erneute Verzögerung eintrat. Mitte Januar 1948 wurde uns bekanntgegeben, daß die Genehmigung nach Karlshorst gegangen sei und wir im Augenblick in dieser Angelegenheit nichts machen könnten.

Vermutlich hätten wir die Zusage längst erhalten, wenn wir ein reiner Reparations-Betrieb wären.

8) Die uns seinerzeit (siehe Seite 100 Punkt 2) versprochene Unterstützung von Seiten der Landesregierung ist bis heute noch nicht eingetroffen. Auf Grund einer Ermahnung hin haben wir wohl wieder eine gewisse Zusage in Vertretung des Ministers erhalten, aber noch keinen Erfolg zu verbuchen.

Das Hallendach ist noch immer so, daß infolge der unbeständigen Witterung dasselbe nicht abgedichtet werden konnte, so daß die Männer bei Regen immer noch im Wasser stehend arbeiten müssen. Der Regen ist jetzt sogar durch die Wohnung der Verwaltung gegangen, daß selbst die Decken in den Büros in der I. Etage teilweise durchweicht sind. Teilweise wurde dies etwas durch Auslegen von großen Waggon-Planen unterbunden. Die gemässigte Temperatur hat es jedoch ermöglicht, daß die Dachdecker an der Verwaltung seit Wochen arbeiten und diese provisorisch dichten können.

9) Nachdem plötzlich eintretende Schneefälle auf dem Dach der Halle 3 große Verwehungen hervorriefen, wurde die im Bau befindliche Deckenkonstruktion beim Tauwetter über den Bearbeitungsmaschinen derartig durchweicht, daß die Männer mit Blechen usw. sich ein prov. Dach über ihren Maschinen schaffen mußten. Dies ging so weit, daß die Decke diese Belastung nicht mehr aushalten konnte und in einer Ecke einstürzte. Es bedarf mehrerer Tage, um diesen Schaden zu beheben und an der Deckenkonstruktion weiter zu arbeiten. Die Abeiter sowie teilweise auch die Vorgesetzten wurden nervös und waren schwer an der Arbeit zu halten. Die Zustände waren gerade zu dieser Zeit einfach unerträglich.

10) Von Berlin trifft gemäß der neuen Verrechnungsbasis das erste Geld ein.

11) Die uns auf Seite 101, Punkt 3 zugesicherte Bekleidungszuteilung ist bis heute nicht erfolgt. Wir erhielten anstelle dessen einen Bezugschein über 200 Stück Textilwaren, mit der Anweisung zu warten, bis uns diese Materialien angeliefert werden. Es sind jedoch schon wieder 4 Wochen

vergangen, und es liegt noch keine Zuteilung vor. Auf eine Anfrage in Zwickau, von wo angeblich die Zuteilung erfolgen soll, liegt noch keine Antwort vor.

12) Auf Grund einer plötzlichen Bestellung zur SMA wurde uns, nachdem wir am ersten Tage vergeblich versuchten vorgelassen zu werden, am darauffolgenden Tage mitgeteilt, daß es sich um Übernahme einer Reparationslieferung unserer Fräserfertigung handelt. Der betreffende Major verlangte, daß wir gemäß unserer Produktionsauflage diese Werkzeuge fertigen sollen, ungeachtet dessen, ob dann Maschinen ausfallen für die Lok-Reparatur, welche im Zivilsektor arbeitet. Nach einem wiederholten Besuch wurde vorläufig besprochen, daß wir nach einer gewissen Zeit von der SMA endgültigen Bescheid erhalten und wir evtl. Fräser auf Reparationen fertigen sollen. Die Entscheidung ist noch nicht gefallen.

13) In unserem Speisesaal wird wieder einigen Schulkindern Schulunterricht erteilt, da dort ein Ofen zur Erwärmung des Zimmers steht.

14) Eine Jugendgruppe wurde gegründet.

15) Die Kasse und Lohnbuchhaltung wurde überprüft, da wir einen hohen Betrag an Sozialversicherung rückständig sind. Es konnte jedoch kurz vorher die Schuld durch Auftreibung von RM 30000,– bis rückwirkend Mitte August 1947 abgedeckt werden. Die restlichen RM 40000,– verpflichteten wir uns bis April 1948 nachzuzahlen.

16) Die Materialien für den Bau eines Zaunes quer durch das abgebrochene FSI-Gelände sind aus früheren Abbruchmaterialien gesichert, so daß dieser Zaun nun aufgebaut werden kann.

17) Vor über einem Jahr, bevor noch entschieden war, daß die FSI teilweise erhalten bleibt, hatte Herr Vogler mit Herrn Hocker eine Aussprache, in der vereinbart wurde, daß die Reichsbahn versuchen sollte, die Halle 1 zu einer notwendigen Kesselschmiede zu erhalten und einen anderen Teil für die MWF zu gewinnen. Herr Hocker zeigte aber wenig Initiative bei der Ausführung der Arbeiten, so daß die Reichsbahn mit ihrem Vorhaben nicht durchkam. Herr Vogler erhielt dann in Karlshorst die Zusicherung, daß die Hälfte des Werkes für unsere Zwecke stehen bleibt. Diese offenherzige Zusammenarbeit mit der Reichsbahn ist jedoch damals, wie jetzt durch den damaligen Werksdirektor Thurm bekannt wurde, unterbaut worden durch Männer, die in Wirklichkeit versuchten, das gesamte Werk zu erhalten und reichsbahneigen zu machen. Wahrscheinlich ist diese Unoffenheit und der Versuch einen anderen Weg zu begehen so gescheitert, daß damit der Reichsbahn ihre Pläne verlustig gingen. Zu erwähnen ist, daß damals dem Betriebsrat sowie anderen leitenden Männern des Betriebsrates ausdrücklich, sogar bei der Weihnachtsfeier, versichert wurde, daß die Reichsbahn keine persönlichen Interessen am Werk hätte, nur an der Erhaltung der Halle 1 sowie der Erhaltung der hier stationierten Arbeit.

21. Januar–16. Februar 1948

1) Der auf Seite 105, Punkt 17 angeführte Sachverhalt bewahrheitet sich jetzt besonders, da plötzlich nach einem Besuch des Vizepräsidenten Lipp der Deutschen Reichsbahn, selbiger in Begleitung von anderen Reichsbahn-Herren andeutete, daß die Deutsche Reichsbahn daran interessiert sei, die von der Hauptverwaltung zur Verfügung gestellten RM 250000,– zur Errichtung eines RAW Freital hier zur Investierung beizubringen. Diese Gelder sollten andernfalls zur Errichtung einer Reparatur-Werkstatt nach Willsdruff verfügt werden. Man zeigt jedoch mehr Interesse für Freital, da hier der Facharbeiterstand mehr entwickelt ist und die Voraussetzungen hierfür vorhanden sind. Die Stellungnahme des Betriebsrates und der Betriebsleitung ist, daß wir auf keinen Fall reichsbahneigen werden wollen, und wir auch nicht gewillt sind, das MWF-Vermögen zu verschenken; aber auch in der Übernahme zur Reichsbahn nicht allein den Begriff volkseigen sehen. Die verschiedensten Versprechungen wurden unserem Betrieb gemacht, die aber alle in Wirklichkeit, wie es uns selbst aus der Praxis der Reichsbahn bekannt ist, nur leeres Gerede darstellen. Untergeordnete Stellen geben bereits bekannt, daß wir unbedingt eine Beaufsichtigung zwecks besserer Qualitäten der Arbeit benötigen, eine gewisse technische Unterentwicklung zeigen usw., usw., so daß man erkennt, daß die seltsamsten Mittel recht sind, zur Verfolgung eines bestimmten Zieles.

Nach einigen Wochen traf hier ein russischer Oberst und ein russischer Major im Beisein von einigen Reichsbahn-Herren nochmals ein, um sich auch russischerseits ein Urteil zu erlauben.

Die russischen Herren gaben bekannt, daß dies nur eine Besichtigung persönlicher Art sei, ohne daß darüber eine Entscheidung über das Für oder Wider fallen könnte. Auch hier wurde darauf hingewiesen, daß die Belegschaft nicht daran interessiert sei, reichsbahneigen zu werden. Aus der Äußerung des russischen Offiziers war zu erkennen, daß irgendwelche deutsche Stellen jedoch falsche Angaben gemacht haben in dieser Weise, daß die Gesamtbelegschaft zur Reichsbahn übergehen wollte, nur die Betriebsleitung dagegen sei. Die Betriebsleitung dagegen steht auf dem Standpunkt, das hier Geschaffene nicht früher aus der Hand zu geben, bevor die neuen rechtlichen Inhaber oder Verwaltungen nichts Besseres zu bieten vermögen zum Wohle des Volkes. Auch von dem russischen Offizier wurden Vorteile angegeben.

Inzwischen konnten wir jedoch feststellen, daß ebensoviele Reichsbahner daran interessiert sind, das Werk nicht reichsbahneigen zu machen, als solche, welche hier die Möglichkeit finden würden, Positionen zu erhalten. Wir vermuten unsere engsten Reichsbahnmitarbeiter unter den letzteren. Weitere Verhandlungen werden sich dieser anknüpfen.

2) Nachdem die Sprengungen nun vor einigen Monaten beendet waren, erfahren wir von der Stadtverwaltung Freital, daß bereits am 23.12.1947 [Dokument 15] ein russisches Dokument unterzeichnet worden ist von Sei-

ten des Herrn Oberbürgermeister Wenk und Herrn Stadtrat Lewinsohn, aus dem hervorgeht, daß die restlich verbliebenen Gebäude und das angrenzende Gelände der ehemaligen FSI der Regierung zur Entwicklung einer friedlichen Produktion übergeben worden ist. Es handelt sich hier um die Objekte, welche seinerzeit von der SMAD Karlshorst (dem Kontrollratrussen) Herrn Vogler schriftlich ausgehändigt wurden. Verwunderlich war es, daß auch die Landesregierung, obwohl 4 Wochen verstrichen waren, noch nichts von diesem Dokument wußte. Herr Stadtrat Lewinsohn äußerte Herrn Vogler und Herrn Richter, Betriebsrat im Zusammenhang einer Betriebsversammlung beiläufig, er hätte überhaupt nicht gewußt, was er unterschrieben hätte, da das Dokument russisch verfaßt sei, und er hätte geglaubt, daß es sich eben um die Bestätigung der Beendigung der Demontage handele. Die leitenden Männer des Betriebes waren über diese Äußerung erschüttert. (Beiliegend Fotokopie des russischen Dokumentes und eine deutsche Abschrift). In dem uns zugestellten Schreiben jedoch ist wieder deutlich zu erkennen, daß unsere Stadtväter wichtige Objekte der FSI erhalten haben. – Aber die Tüchtigkeit beweist auch, daß man bis zum heutigen Tage noch nicht erledigen konnte, wer berechtigt ist, die Materialien von dem gesprengten Gelände zu entnehmen und überläßt dies der Landesregierung anstatt entscheidend zuzugreifen, und die immerhin schätzungsweise hier befindlichen Werte in Höhe von RM 40000,– dem Wiederaufbau von Wohnungen usw. schnellstens zuführen zu können.

Die Fa. Hünich & Löwe, die seinerzeit den Abbruch durchführte, ist jetzt zurückhaltend bis eine endgültige Entscheidung erfolgt, da dies wahrscheinlich eine Forderung der Landesregierung ist.

3) Sämtl. hier stationierten Firmen erhielten nach grundsätzlicher Verlegung der Lichtleitungen eigene Unterzähler. Desgleichen wurde in der Wohnung auf der Westseite des Gebäudes in der Mansarde eine Tür eingebaut, eine Bodentreppe versetzt und ein Klosett eingebaut, und somit eine neue getrennte Wohnmöglichkeit geschaffen.

4) Die auf der Seite 105, Punkt 14 gegründete Jugendgruppe wurde erstmalig im freiwilligen Arbeitseinsatz geschlossen für die Aufräumungsarbeiten vor dem Pumpenhaus zur Errichtung einer neuen Straße eingesetzt.

5) Im Augenblick macht die schwere Ernährungslage dem Betrieb wieder derart zu schaffen, daß erstens keine Lebensmittel für die Küche vorhanden sind. Es werden laufend verbotenerweise Kreissägen gebaut, wofür zeitweise 1 Ztr. Getreide für die Werksküche gekauft werden kann, so daß täglich eine Kornsuppe, d.h. Korn mit Wasser unter zusätzlicher Abgabe von Lebensmittelmarken pro Woche 150 gr. Brotmarken und 50 gr. Nährmittelmarken abgegeben werden können.

Und zweitens kündigen wieder sehr viele Belegschaftsmitglieder, u.a. auch sehr gute Kräfte und bewerben sich zum Schacht, da dort bessere Verpflegungsmöglichkeiten vorhanden sind, und auch die Angehörigen erhöhte Karteneinstufung erhalten.

Teilweise wird das Getreide 50 Pfd. weise mit dem Motorrad aus Entfernungen von 75 km herangeschafft.

Uns wurde, nachdem die Funktionäre der einzelnen Betriebsgruppen ihre Posten niederlegen wollten, vom FDGB, Landesvorstand mitgeteilt, daß wir nun die Zusatzverpflegung erhalten würden. Bis heute ist jedoch auch diese Verpflegung noch nicht eingetroffen.

Die Zuteilung von Textilien, sogenannte Selbmannspende (siehe Seite 104, Punkt 11) ist ebenfalls noch nicht erfolgt.

6) Infolge der schlechten Straßenverhältnisse liegen wieder beide Kraftwagen in Generalüberholung.

7) Nach Mitteilung des FDGB mußten 4 bewährte Aktivisten für eine Prämierung genannt werden. Es wurden von Seiten der Gewerkschaftsgruppe die Männer
Herr Richter, Betriebsratsvorsitzender,
Herr Schlinsog, Abtlg.-Meister Wagg.-Rep.
Herr Lissner, Abtlg.-Meister Lok.-Rep.
Herr Vogler, Direktion
vorgeschlagen. Diese nahmen an der stattfindenden Aktivisten-Konferenz teil. Dort wurden von früh 9.00 Uhr bis abends 5.00 Uhr viel über Verbesserungen gesprochen und über 80 Referate gehalten. Was dabei herauskam ist eigentlich nicht bekannt; wie gesagt, es wurde viel geredet.

Die Prämierung erfolgte an ca. 120 Mann, die MWF war nicht dabei. Es wurden z.T. Männer prämiert, die irgendwelche Verbesserungsvorschläge gemacht hatten.

8) Um eine gewisse Sicherheit in unserer Produktion betreffs der Aufträge zu haben, wurde mit den verschiedensten großen Betrieben der Ostzone korrespondiert, um von dort Aufträge zu erhalten, da andernfalls, wenn die Reichsbahn ihre Aufträge hier wegnimmt, die Arbeit nicht für sämtl. Belegschaftsmitglieder langen würde. Das Interesse an unserer Arbeit bei diesen großen Industrieunternehmen ist sehr groß, und wir haben auch einige Aufträge übernommen.

9) Nach erneuter Anfrage bei der SMA, ob wir unsere Holzbearbeitungsfräser nun frei verkaufen dürfen, wurde uns wieder mitgeteilt, daß wir diese liegen lassen sollen und nicht verkaufen dürfen (siehe Seite 105, Punkt 12).

10) Herr Vogler besichtigt in Malter mit dem Schlosser, Kollegen Wakker, Lok-Reparatur, einige Wochenendhäuschen. Es soll versucht werden, verschiedene aufzukaufen, abzutragen und daraus eine Ferienhütte für die Belegschaft für ca. 30 Mann zu schaffen. Inwieweit sich der Gedanke ausführen läßt, werden die weiteren Verhandlungen mit dem Bürgermeister und den jetzigen Inhabern ergeben.

11) Die durch die lädierte Decke unserer Werkstatt kommende Nässe wird immer stärker, so daß in der Waggon-Reparatur im wahrsten Sinne

des Wortes kein trockenes Fleckchen mehr ist. Die Männer arbeiten trotzdem weiter. Die überaus lang anhaltende Regenperiode verschlimmert diesen Zustand. Der dafür bestellte Dachdecker kann nicht mit den Arbeiten beginnen.

17. Februar–19. März 1948

1) Da die Heizung noch nicht fertiggestellt werden konnte und eine plötzliche Kältewelle einsetzte, konnte einige Wochen nur noch bis mittags 14.00 Uhr gearbeitet werden.

2) Gemäß des Punkt 9 Seite 108 sollten wir für Reparationen Holzbearbeitungsfräser fertigen. Herrn Vogler wurde bei der SMA mitgeteilt, daß die Fräser frei auf Lieferanweisung verkauft werden können.

3) Das geplante Wintervergnügen wurde als Bunter Abend im Sächsischen Wolf, Freital ausgeführt. Der Abend verlief sehr erfolgreich. Er wurde gestaltet von namhaften Künstlern des Landessenders Sachsen.

4) Im Betrieb ereignete sich ein schwerer Unfall. Das Belegschaftsmitglied Weiß war beim Schweißen einer Lok tätig und verbrannte dabei durch Funkenflug seine Kleidung. Er wurde mit schweren Verletzungen ins Krankenhaus gebracht. Das Belegschaftsmitglied Schäfer, welches ihm behilflich sein wollte, verbrannte sich ebenfalls stark die Hände. Der Unfall ist auf mangelnde Schutzkleidung zurückzuführen, da die Lok.-Schlosser überaus verölte Kleider anhaben, die nicht immer rechtzeitig wegen Mangel an Berufskleidung zum Tausch gegeben werden kann.

5) Bei der in Freital stattfindenden Entnazifizierung wurde von unserem Betrieb das Belegschaftsmitglied Mehlhose mit behandelt und dort als unschuldig erklärt.

6) Dem Betriebsrat und Herrn Vogler wurde bekannt, daß man versuchen wollte, die Betriebsleitung der MWF abzulösen; da der Betrieb bis heute noch nicht volkseigen ist. Auf den Wunsch der Belegschaft und den daraus folgenden Eingaben des Betriebes ist aber bis heute noch nichts erfolgt, so daß die Betriebsleitung nicht als verantwortlich erklärt werden kann. Die Angelegenheit geht von einem Belegschaftsmitglied aus, welches sich plötzlich sehr hervortat, aber selbst politische Belastungen hat.

Aus gleichem Grunde wurde der Betrieb plötzlich von einigen Herren überprüft, da der Landesregierung Anzeige erstattet worden ist über angeblichen Maschinenbau und Verkauf von Maschinen ohne Lieferanweisung. Dem Betrieb wurde zum Vorwurf gemacht, Kompensationsgeschäft ohne Erlaubnis durchgführt zu haben. Die uns genannte Summe von RM 200000,– auf 1/2 Jahr, welche den Umfang von Kompensationsgeschäften zeigt, ist dadurch entstanden, daß man jede Rechnung, welche das Werk verließ, registriert hat, und demnach jede Arbeit, welche nicht unbedingt mit Lokomotiven oder Waggonen zu tun hatte, als Kompensation bezeichnet wurde. Die Antwort des Betriebes ist, daß die Landesregierung auf mehrere Vorsprachen hin niemals Mittel zur Verfügung gestellt hat, diesen Lok.-Betrieb als Schlüsselindustrie wirtschaftlich zu fördern, so daß sich der Betrieb finanziell sowie wirtschaftlich und verpflegungsmäßig selbst helfen mußte.

Auf die Prüfung hin ist noch keinerlei Stellungnahme der Regierung erfolgt.

Die leitenden Herren des Betriebes machten der Landesregierung den Vorwurf, noch nichts unternommen zu haben, in Bezug der Liquidation und der Klärung der Geschäftsverhältnisse der FSI, so daß endlich der Schlußstrich gezogen wird, von dem auf geordneter Basis der Betrieb aufgebaut werden kann.

Die Art der Überprüfung erwies sogleich, daß die das Werk überprüfenden Männer selbst die Grundlagen der Planwirtschaft, welche sie vertreten sollten, nicht kannten, so daß zusammenfassend gesagt werden kann, eine Überprüfung diesbezüglich ist illusorisch, vor allem dann, wenn, wie in diesem Falle, die Anzeige Erstattenden betriebsfremde Subjekte sind, welche irgendwelchen Hader damit begleichen wollen.

Hiermit wird auf den Austritt des Belegschaftsmitgliedes Hoffmann vor langer Zeit hingewiesen.

7) Ein russischer Major überprüfte nochmals die Ausführung des Sprengbefehls. Tags zuvor wurde beanstandet, daß die Sockel der Gaszentrale noch nicht zersprengt sind, so daß wir dieselben, ohne Schaden zu entwikkeln, von einem deutschen Sprengmeister selbst zerlegen lassen mußten.

8) Bei Befehl 234, Absatz 9 betreffs der Zusatzverpflegung für wichtige Betriebe sind wir bis heute noch nicht weitergekommen.

Die Zentralverwaltung Berlin versprach, sich mit Karlshorst in Verbindung zu setzen auf Grund eines Besuches dort unseres Herrn Richter und Vogler. Die SMA Dresden versprach Klärung innerhalb 14 Tagen, nachdem hierüber seit Monaten verhandelt wurde. Entsprechend dem vorgenannten Punkt ist es uns auch nicht möglich, noch weiter zu kompensieren, so daß im Augenblick nicht gesagt werden kann, wie die Verpflegung der schwer arbeitenden Belegschaft gesichert werden soll.

Die Zentralverwaltung verlangte jedoch, daß sofort einer ihrer Herren nach hier kommt und klärt, weshalb der Betrieb noch nicht landeseigen ist. Den Besuch führte ein Herr Schreiber von der Zentralverwaltung Berlin aus.

9) Die gemäß Seite 107, Punkt 5 und Seite 104, Punkt 11 aufgeführte Selbmannspende ist bei uns eingetroffen. Die zur Verfügung gestellten Textilien können von ca. 70% der Belegschaft gegen Bezahlung entgegengenommen werden. Dies ist eine Verteilung an Betriebe, welche der Schlüsselindustrie angehören.

10) Zu Informationszwecken fuhr Herr Vogler zur Leipziger-Messe, konnte jedoch noch keine Geschäftsverbindungen oder Abschlüsse aufnehmen.

11) Bei den Diebstählen wurde trotz fristloser Entlassungen usw. noch keine Einschränkung festgestellt.

12) Der Belegschaftsstand ist auf ca. 254 Mann herabgesunken, da sich Belegschaftsmitglieder freiwillig zum Bergbau melden, um dort bessere Verpflegung und Zahlung zu erhalten. Dies ist jedoch nicht nur betrieblich, sondern auch in anderen Industriezweigen spürbar.

20. März–13. Mai 1948

1) Bei einem Besuch in Berlin durch Herrn Vogler und Herrn Kegel wurde dort mitgeteilt, daß die Eingabe der Zentralverwaltung Berlin nach Karlshorst zur Aufnahme der Betreuung in der Wirtschaftskommission für unseren Betrieb abgelehnt wurde, da unser Betrieb einen reinen Reparaturbetrieb darstellt (für den Zivilsektor) und sich Karlshorst nur auf den Neubau konzentriert. Der stellvertretende Leiter der Hauptverwaltung Verkehr Berlin will nach erfolgter Erklärung unseres Betriebes als „Volkseigen" einen erneuten Vorstoß nach Karlshorst vornehmen, da er die Wichtigkeit des Betriebes erkennt und in der Einmaligkeit seines Bestehens in der Ostzone, allein schon wegen der Beschaffung der Materialien und der Verpflegung des Befehls 234, dies unbedingt für notwendig hält.

In diesem Zusammenhang wurde festgestellt, daß in der Ostzone außer der MWF (Mech. Werkst. Freital) noch Fa. Kühn in Thüringen Lokomotiven repariert, nur mit einem geringen Belegschaftsstand, die AEG Berlin und Engelsdorf sind keine ausschlaggebende Produktion. Trotzdem allseitig anerkannt wird, daß die MWF das produktivste Werk diesbezüglich darstellt, ist kein Weg offen, endgültig zu entscheiden, welche Behörde für die Zuteilung von Materialien zuständig ist. Die Reparaturen werden im Augenblick ausgeführt auf Grund von mitgebrachtem Material der Kunden oder durch tropfenweisen Eingang von Ersatzteilen oder Materialien der Reichsbahn für ihre Aufträge.

Es ist einfach unmöglich, ohne Tauschverfahren die Produktion aufrecht zu erhalten.

In diesem Zusammenhang wurde die Fa. Orenstein & Koppel durch oben genannte Herren besichtigt. Dort werden im Zusammenhang mit 40 anderen Firmen pro Monat 17 Schmalspurlokomotiven Type Orenstein & Koppel neu hergestellt. Der Betrieb arbeitet mit 1300 Mann. Man erkennt sofort, daß dort jede Mittel, seien sie finanzieller oder materieller Art, zur Verfügung stehen, zumindest aber die notwendigen Unterstützungen der russischen und deutschen Behörden erhalten. Der technische Aufbau des Werkes im Vergleich zur Zukunftsplanung unseres Betriebes läßt erkennen, daß unsere Planung und der bisherige Ausbau unseres Betriebes richtig ist.

2) Von Görlitz erscheint der Leiter des Kombinats Waggon- u. Schiffsbau, um unser Werk zu besichtigen. Er läßt sich überzeugen, daß der Neubau von Waggonen für unser Werk nicht das geeignete darstellt, sondern wir eingegliedert werden müssen in das Kombinat Waggon- und Lokbau. Die Zukunftsplanung wäre dann so, daß die MWF geleitet wird durch ein zentralgeleitetes techn. Büro bei Orenstein & Koppel und bei Weiterentwicklung Lizenzaufträge im Neubau von Bau- und Rangierlokomotiven übernehmen könnte. Damit würde bei Aufnahme der MWF in dieses letztgenannte Kombinat die Betreuung des Werkes durch die Wirtschaftskommission erfolgen. Bis dahin jedoch müssen wir bei der Reparatur von Lokomotiven und sonstigen Aufträgen verbleiben.

3) Die Deutsche Reichsbahn, Hauptverwaltung Berlin, schickte uns einen Vertrag zu, der rückwirkend auf 3/4 Jahr in Kraft treten soll. Dies würde bedeuten, daß wir ca. 50000,– RM zurückzahlen müßten. Die uns auf Grund der Tariferhöhung im vorigen Jahr genehmigten Lohn- und Gemeinkostensätze würden damit wieder rückgängig gemacht. Wir haben jedoch dagegen Einspruch erhoben und werden diesen Vertrag nicht unterzeichnen, da wir die Verrechnungssätze nachweisen können, und wir nicht in der Lage sind, uns auf eine derartige Verrechnungsbasis einzulassen. Es ist z.B. noch immer der Fall, daß uns bei Fertigstellung von Rechnungen für Lok.-Beträge RM 2 und RM 3000,– durch die Prüfstellen von der Endsumme abgestrichen werden.

4) Bei der letzten Besprechung und Betriebsbegehung der metallbearbeitenden landeseigenen Betriebe wurde festgestellt, daß die MWF ihren Stunden-Durchschnitt zu tief bezahlt, so daß wir sofort in Anpassung dessen bei über 60% der Belegschaft Lohnerhöhung vornehmen mußten, damit nicht die Gefahr besteht, daß unsere guten Kräfte aus diesem Grunde abfallen würden.

5) Gemäß eines russischen Befehls 153 dürfen nach Bekanntgabe des Landesarbeitsamtes bei uns Belegschaftsmitglieder nicht ohne weiteres freigegeben werden. Selbstverständlich muß demgegenüber gewogen werden, ob das betreffende Belegschaftsmitglied, welches die Kündigung aussprach, diese wegen beruflicher Verbesserungen oder anderer treffender Gründe abgab. Damit ist der Gefahr weiterer Abwanderung nach dem Erzbergbau Einhalt geboten.

6) Auf Grund einer Anweisung der Landesregierung müssen die Betriebe ein bestimmtes Schichtverfahren einführen, da andernfalls die Stromzuteilung nicht garantiert werden kann. Unser Betrieb arbeitet demzufolge vorläufig in Tag- und Nachtschicht, jedoch wird versucht, die Nachtschicht wieder auf eine zweite Schicht zu verlegen.

7) Anfang Mai wurde die Betriebsleitung der MWF zum Amt für landeseigene Betriebe der Landesregierung mit der Bilanz 1947 und der Eröffnungsbilanz 1946 gebeten. Dort wurde festgelegt, daß die MWF erst lan-

deseigen gemacht werden soll, wenn die FSI von Seiten der SMA Karlshorst an das Land Sachsen zurückgegeben worden ist, da eine vorherige Verschmelzung der beiden Firmen wieder den alten Zustand vor der Gründung der MWF herbeiführen würde, und die Gefahren durch die Sequestrierung der FSI zum Beispiel in der Art der Mitbeschlagnahmung des MWF.-Vermögens bestehen. Die FSI würde bei einer Liquidation ihre alte Schuld begleichen müssen, u.a. auch eine belastende Hypothekenschuld gegenüber dem Reich. Sollte die Sequestrierung der FSI vorgenommen werden, so können durch den Volksentscheid alle Forderungen an die FSI als nichtig erklärt werden. Damit könnte dann die MWF als Nachfolgerin der FSI landeseigen arbeiten.

Die erfolgte Rückgabe des Werkes durch die Zentralkommandantur Dresden an die Stadt Freital (siehe Dokument auf Seite 151f.) wird nicht von der SMA anerkannt, da die Zentralkommandantur ihre Unterlage nur auf Grund des Abschlusses der Sprengarbeiten ausgeführt hat. Die Regelung dieser Angelegenheit kann sich um wenige Tage handeln, allerdings kann auch nicht gesagt werden, ob es sich noch länger hinzieht.

8) Es haben des öfteren russische Besichtigungen unseres hier lagernden reichsbahneigenen Schrottes stattgefunden. Wahrscheinlich wird dieser Schrott abtransportiert werden müssen. Es handelt sich um ca. 2000 t, welche wir minimal schätzten.

9) Nachdem wir unter größten Schwierigkeiten weiterhin Lebensmittel für die Küche beschafften, wurden uns in einer Nacht 1½ Ztr. Nährmittel gestohlen. Die Untersuchung der Kriminalpolizei war bisher ergebnislos (siehe Seite 111, Punkt 11).

10) Am 10. Mai 1943 wurden erstmalig die neuen Gleisanlagen in Halle 3b befahren. Nun erfolgt nach und nach der Umzug in diese Halle.

11) Der Kranbau ist soweit fortgeschritten, daß die Fa. Ladwig die Trägerkonstruktion über der Deutschlandkurve quer durch die Halle 3b legte, so daß die MWF nur noch die mechanische Laufkatze zu konstruieren und aufzubauen hat.

12) Unser Belegschaftsmitglied Jendryscheck erhielt auf Grund seines betrieblichen Einsatzes, da er seit Betriebsgründung als Kesselreiniger tätig ist und nie gefehlt hat, eine Taschenuhr als Prämie.

13) Von Seiten einer Feldposteinheit wurde ein Auftrag auf Befehl uns zugeteilt zur Reparatur einer Feldbahnlokomotive, welche nach 4 Wochen geliefert werden konnte. Als Anschlußarbeit erfolgte von der gleichen Feldposteneinheit ein neuer Befehl zur Reparatur einer Breitspurlokomotive, welche bisher der SGW (Sächs. Gußstahl Werke) gehörte.

14. Mai–15. Juli 1948

1) Der Seite 112, Punkt 3 bezeichnete Reichsbahnvertrag ist noch nicht zum Abschluß gekommen, da die Deutsche Reichsbahn die seinerzeit ge-

machten Versprechungen noch nicht schriftlich im Vertrag bestätigte. In den letzten Tagen jedoch wurden unsere Verträge zurückgefordert und sollen unserem Wunsch entsprechend, bis auf die Frage der Gemeinkostenzuschläge geregelt werden.

2) Die MWF ist noch nicht landeseigen geworden. Das Amt für landeseigene Betriebe bestätigte, daß die FSI ihren Sequestercharakter noch nicht verloren hat, und diese Angelegenheit nicht eilt (siehe Seite 112, Punkt 7).

3) Ein Teil der Schrottmengen Seite 113, Punkt 8 werden auf Anordnung der Russen durch die Fa. Hasche, Freital zum Abtransport gebracht.

4) In die neu eingebaute Gleisanlage der Lok.-Reparatur wurde zusätzlich eine Versuchsstrecke eingerichtet, welche sich bereits erfolgreich bewährte. Der dazu benötigte Kran ist fast vollendet (siehe Seite 103, Punkt 1 u. Seite 113, Punkt 11).

5) Der Ausstoß an Lokomotiven läßt im Augenblick sehr zu wünschen übrig, da die Deutsche Reichsbahn keine Möglichkeit hat, Radreifen zu besorgen. Eine aus diesem Grund zwillingsbereifte Lokomotive läuft seit einem halben Jahr als Versuch, d.h. über abgedrehte Schmalspurreifen wird nochmals eine Breitspurbereifung aufgeschrumpft, welche dann verschweißt wird. Mit diesem Behelf sollen die nächsten fertiggestellten Lokomotiven versehen werden.

6) Der Anfall an reparaturbedürftigen Lokomotiven der Industrie ist im Augenblick so groß, daß wir bereits bis zum II. Quartal 1949 planen müssen.

7) Ein neuer Kompressor für die Kesselschmiede wurde gekauft.

8) An der Heizung wird mit erhöhter Energie gearbeitet. Der Widerspruch dieser Ausführung von verschiedenen Fachspezialisten ist im Augenblick stark, so daß, um ein Mittel aus diesen Meinungen zu ziehen, während des Baues Änderungen vorgenommen werden mußten. Der Kessel wird als Hochdruckkessel abgenommen und wird mit Niederdruck gefahren, damit ein späterer evtl. Antrag auf Genehmigung zum Hochdruckkessel nicht in Frage gestellt ist, andernfalls auch der Wert des Kessels herabgemindert ist. Bei der Planung der Kesselanlage wurde ausdrücklich zur Grundlage gemacht, daß nicht die gesamte Halle geheizt werden soll, sondern nur ausströmende warme Luft an die Arbeitsplätze gebracht werden soll, um die Aufstellung der vielen kleinen Öfen, wie bisher, in Wegfall zu bringen, damit eine rationelle Erwärmung und Beheizung vorhanden ist.

9) Für die Verschalung der neu eingebauten Deckenkonstruktion für die Tischlerei und Schlosserei (siehe Seite 100, Punkt 20/21) steht jetzt das Holz zur Verfügung, und zwar wurde an ein Bergwerk in Ölsa, welches dringend einen Kühlturm benötigte, der seinerzeit Herrn Vogler übergebene Kühlturm verkauft. Wir verlangten dafür Sicherstellung von 25 cbm Holz, welches der Obengenannte während der Demontage der russischen

Einheit zur Verfügung stellte, damit dieser Turm nicht zu Kistenzwecken verwendet wurde. Das Holz ist eingegangen. Mit dem Belegen der Decke ist begonnen worden.

10) Der Seite 103, Punkt 6 gegründete Planungsausschuß ist seit Monaten in Funktion getreten.

11) Zur Zeit bestehen im Betrieb folgende Kommissionen:
a) Betriebsrat,
b) Gewerkschaftsgruppenleitung,
c) Sozialversicherungskommission,
d) Lohn-Kommission,
e) Planungsausschuß,
f) Unfallschutz-Kommission,
g) Küchen-Kommission,
h) Jugendgruppe,
i) Betriebsgruppe SED.

12) Seit 1. Juli 1948 erhält der Betrieb lt. Befehl 234 Gemeinschaftsverpflegung. Es wurde sich hierum seit 9 Monten bemüht. Wir erhalten für 286 Belegschaftsmitglieder pro Tag eine Portion, d.h. sogenannte B.-Verpflegung zugeteilt. Die sogenannte A.-Verpflegung, welche die Kesselschmiede usw. erhalten müßten, erhalten wir noch nicht, jedoch werden wir bemüht sein, auch diese Zuteilung zu erhalten.

Es erhält damit pro Belegschaftsmitglied pro Portion:
150 gr. Kartoffeln, 100 gr. Brot, 30 gr. Nährmittel,
100 gr. Gemüse, 5 gr. Kaffee.

13) Auf Grund der ungleichmäßigen Eingänge unserer Forderungen von Berlin entstand eine Sozialversicherungsschuld von RM 47000,–, d.h. rückwirkende Schuld bis einschl. Februar 1948. Ähnliche Schulden hatten wir bereits im November 1947 (siehe Seite 96, Punkt 1 u. Seite 102, Punkt 14). Nachdem die Sozialversicherung bei uns vorsprach sollten wir die Genehmigung erhalten, bis Dezember 1948 diese Schuld abzuzahlen. Einigen Belegschaftsmitgliedern aus dem Betrieb wurde dies bekannt und es gab bei Belegschaftsversammlungen Differenzen.

Die Schuld war deshalb offen geblieben, weil die begonnenen Investierungsarbeiten nicht unterbrochen werden konnten, und [durch] das Ausbleiben der Gelder von Berlin nun für genannte Investierungen das restliche Geld gebraucht wurde. Nach der Währungsreform war es notwendig, eine sofortige Klärung zu schaffen, und es wurden deshalb die Schulden bis einschl. Mai 1948 bezahlt. Dies bedeutet eine Finanzbelastung, welche kaum zu überbrücken scheint.

14) Am 24. Juni 1948 erfolgte die sogenannte Währungsreform. [Dokument 16]

Es war seit Wochen zu erkennen, daß in irgendeiner Form eine Umwertung des Geldes erfolgen wird, so daß von Seiten der Direktion versucht wurde, soviel wie möglich Privatgelder herein zu bekommen, da diese Firmen wahrscheinlich nach der Währungsreform am wenigsten zahlungsfähig sein würden, und so die Forderungen an die Generalkasse von Berlin zu unseren Gunsten stiegen, da wahrscheinlich diese Kasse nach der Reform als erste Stelle wieder zahlen würde. Diese Taktik zeigte sich erfolgreich, denn bereits nach der Währungsreform trafen ca. RM 30000,– von den z.Zt. dort befindlichen RM 100000,– Forderungen ein, so daß Löhne und Gehälter gezahlt werden konnten. Anschließend auch die im vorherigen Punkt genannte Sozialversicherung. Die Bank jedoch war nicht so zahlungsfähig und wollte die Lohnzahlung nur von RM 10,– pro Kopf gewährleisten, was jedoch von Seiten des Betriebes unterbunden wurde. Durch ein von uns geleistetes Akkreditiv sowie die hier im Werk noch befindlichen Gelder gingen bei der Währungsreform ca. RM 10000,– verlustig. Die Währungsmethode war so unklar, daß sich die Widersprüche häuften und jetzt noch einiger arbeitsgerichtlicher Klärungen gegenüber Forderungen an Lohn an die Belegschaft bedarf. Es wurde von Seiten des Betriebsrates und der Betriebsleitung alles versucht, vor der Währungsreform eine Möglichkeit zu finden, die Löhne der Belegschaft zu sichern und es erschien ratsam, die rückstandigen Löhne vorher noch zu zahlen, da die Währungsmethode unbekannt war, um nicht nachträglich Vorwürfe zu erhalten, daß die nicht gezahlten Löhne vielleicht in einem bestimmten Verhältnis aufgewertet werden, und die gezahlten Löhne als Barvermögen der Arbeiter gesichert bleiben. Einige Belegschaftsmitglieder verlangten ihren Lohn, einige lehnten ihn ab. Am 24.6. jedoch stand die Belegschaft geschlossen in einem Streikverhältnis für einige Stunden, welches dahinausging, daß die Firma unberechtigt Lohn gezahlt habe. Es wurde nachgewiesen, daß weder Vorauszahlung erfolgte noch einige Spekulationen im Hintergrund standen, daß sich lediglich die Verhältnisse im umgekehrten Verhältnis abwickelten als wir planten jedoch den Vorteil hatten, sofort nach der Reform wieder zahlen zu können, wie vorgenannt schon bemerkt, was bei anderen Firmen nicht der Fall war.

Mehrere Versammlungen unter Teilnahme des FDGB haben einigermaßen Ruhe in die Belegschaft gebracht, jedoch ist im Augenblick sehr viel Unzufriedenheit zu spüren. Wir glauben, daß sich die Unzufriedenheit nur durch die Reform im Betrieb bemerkbar macht, jedoch auf irgendwelchem politischen Ursprung wurzelt. Natürlich ist auch z.Zt. die Ernährung ein Hauptfaktor bei der Haltung der Belegschaft. Auf jeden Fall kann gesagt werden, daß das Unternehmen durch die Währungsreform stark durchrüttelt wurde und noch nicht über den größten Berg seiner finanziellen Schwierigkeiten hinweg ist. So wird z.B. für die nächste Lohn- u. Gehaltszahlung gebangt, da eine Hauptforderung an die landeseigenen Betriebe nicht eingeht. Diese Betriebe haben Kontensperre.

15) Nach mehrmaligen Vorsprachen bei der Landesregierung und der Stadt Freital wegen Bezug von Baumaterialien für den Ausbau unseres

Werkes haben wir bis heute noch nichts erhalten, so daß alles sogenannt schwarz organisiert werden muß. Der Vorbau vor die Halle 3 jedoch ist noch in Frage gestellt. Das hierfür vorgesehene Geld ist bei der Währungsreform mit verloren gegangen.

16) Da die Fa. Schmiedel aus der ehemaligen Frauengarderobe ausziehen will, erhebt die MWF Anspruch auf dieses Gebäude. Wir werden dort unseren Kraftfahrbetrieb einbauen. Es stehen jetzt an Fahrzeugen zur Verfügung:
1 LKW Ford 3 t
1 Lieferwagen Essex (früher Personenwagen) 1/2 t
1 zweiachsiger Anhänger
1 einachsiger Anhänger
1 Elektrokarren,
1 Personenwagen,
zu welchem die Schrotteile vor zwei Jahren gekauft wurden und jetzt seiner Vollendung entgegengeht. (Seite 95, Punkt 29).

17) Die enormen großen Schuttmassen, welche an der Straße des ehemaligen Pumpenhauses lagen, versperrten unsere Einfahrtstraße. Mehrerer freiwilliger Arbeitseinsatz wurde durch die Belegschaft unternommen, so daß eine neu aufgeschüttete Straße entstand, obwohl vorher der Direktion Vorwürfe gemacht wurden, diese Straße in dieser Art nicht zu bauen, da sich der dort im Augenblick befindliche Sumpf dadurch nicht beseitigen ließe. Demgegenüber bewährt sich jetzt die Straße gut und wird noch in dieser Art fertiggestellt.

18) Im Maschinenbau sind noch einige Holzbearbeitungsmaschinen in Arbeit, welche wahrscheinlich die letzten darstellen werden, auf Grund des Verbotes der Landesregierung. Damit entfällt dem Betrieb eine wertvolle Nebeneinnahmequelle.

Der Verkauf von Nutenfräsern und die Produktion hat sich sehr rentabilitiert, so daß jetzt eine Serie Phasen-Kronen-Fräser für die Holzbearbeitung fertiggestellt wurde. Wir hoffen, den Umsatz dieser Produktion auf RM 14000,– im Quartal zu steigern. Die dazu notwendigen Materialien sind noch immer Abfälle aus Geschossen.

19) Unsere Materialzuteilung erfolgt jetzt durch die Landesregierung, d.h. ein großer Teil von Material wie Kupfer, Sauerstoff, Azetylen, Messing usw. wird noch durch die Deutsche Reichsbahn für ihre Aufträge gestellt.

Privatauftraggeber müssen ihre Materialien selbst stellen.

In diesem Zusammenhang wird erwähnt, daß die Zentralgenossenschaft Sachsen 30 hier fertiggestellte Waggons als Spezialwagen umbauen lassen sollte, da die bisherigen Wagen nicht mehr zugelassen werden dürfen. Verhandlungen seit Nov. 1947 haben dahin geführt, daß die Waggone die ganzen Monate ohne Nutzen hier standen. Dasselbe wurde bei anderen Auftraggebern, welche ebenfalls ihre Waggone hier haben, erlaubt, so daß sich jetzt ungefähr folgendes Bild herauskristallisiert: Offene Wagen werden umgebaut zu sogenannten Spezialwagen, verschlingen eine Menge Material und stellen dann einen G.-Wagen dar, evtl. mit Dachluken. Wagen dagegen können nicht ausgebaut werden, da Material fehlt und werden nur zur Hälfte ausgeschlagen, so daß sie als offene Wagen Verwendung finden müssen.

20) Die Landesregierung verlangt Meldung jeder Materialien, welche ein- oder ausgehen und sich hier befinden, und zwar monatlich. Obwohl uns immer wieder bestätigt wird, daß wir alles melden können, ohne der Gefahr entgegenzugehen irgendwelcher Beschlagnahmung, wird uns jedoch jetzt von dort mitgeteilt, daß wir gewisse Materialien, welche über ein Quartal hinausreichen, abgeben müssen. Dabei handelt es sich hier um Geschoßmaterial, welches bestimmt einer anderen Industrie wenig nützt.

21) Der Ausbau der Wasserleitung im Werk macht enorme Schwierigkeiten, da sehr viele Bruchstellen in den Rohrleitungen, welche z.T. über 2 m tief in der Erde liegen, festgestellt wurden. Daraus erfolgte Wasserverlust von 20 cbm in einer Nacht.

Die Rohrbrüche sind entweder durch wandernde Erdmassen oder elektrische Ströme entstanden. Das Stillegen ganzer Rohrstrecken und Neuverlegen unter ziemlichem Kostenaufwand, woran schon seit Monaten gearbeitet wird, muß bis Anfang Winter erledigt sein.

22) Es wurden zur Vergrößerung der Lok.-Reparatur noch weitere zwei Arbeitswagen gebaut. Zusätzlich sind 3 sogenannte Bahnmeister für Ablagezwecke in Arbeit.

Mit der Fertigung eines Bohrstandes für die Kesselschmiede ist begonnen worden.

23) Die restlichen Glühöfen in der Halle III b wurden abgerissen.

24) Die Betriebsgruppe SED fordert die Aufstellung einer Aktivistengruppe und es erscheint ratsam, sogenannte Aktivisten zu stellen, da die Disziplinlosigkeit der Belegschaft durch mangelnde Pünktlichkeit in den Pausen und bei Feierabend soweit gegangen ist, daß der Einfluß der Vorgesetzten nicht allein mehr wirkend ist.

Auch diese hier genannte Disziplinlosigkeit dürfte in der Ernährung mitbegründet sein, wobei ein Kollege den anderen im aktiven Sinne mitreißt.

25) Zu der schon in Punkt 14 genannten Währungsreform werden jetzt die Anweisungen erteilt, zur Abwertung der Versicherungen, so daß wir einen ziemlich hohen Betrag an Versicherungsprämie nachzahlen müssen.

26) Im Kesselhaus wurde ein Fahrstuhl und eine Treppe eingebaut, wodurch die Möglichkeit besteht, Kohle in dem dort befindlichen Keller einzulagern. Der gesamte Keller, der voll Schuttmassen von abgebrochenem Ofenmaterial gefüllt lag, konnte auf diese Weise auch geräumt werden. Eine eingebaute Zwischenwand ermöglicht nun die Trennung zwischen dem Kesselhausanteil der Seifenfabrik Wehner und der MWF.

15. Juli–1. September 1948

1) Der uns seit langem von der Deutschen Reichsbahn zugestellte Vertrag ist jetzt unterzeichnet worden. S. Seite 112, Punkt 3.

Wir erhielten Besuch von der Deutschen Wirtschaftskommission, Generaldirektion Reichsbahn, Berlin. Uns wurde bestätigt, daß sich in unserem Werk ein enormer Aufbauwille bemerkbar macht und in Berlin höchste Anerkennung genießt.

Unser Betrieb scheint allerdings noch nicht genügend bekannt, da wir uns entgegen anderen Großbetrieben nicht mehr in die Presse stellen wollen als unbedingt notwendig.

2) Die Fa. Schulz, Freital erhielt von der Zentralkommandantur den Auftrag, die Materialien und Öfen auf dem FSI.-Gelände für andere Industrieunternehmen zu bergen. Es wurde nach Rücksprache mit dem Treuhänder, Herrn Kirberg und der genannten Firma sowie Herrn Vogler vereinbart, daß diese Firma dafür das Gelände einebnen muß. Die geborgenen Materialien werden gesammelt. Der Gewinn läuft zu 50% in die Hände der Fa. Schulz und zu 50% zur FSI.

3) Im Zuge der Aufräumungsarbeiten soll an der Stelle des ehemaligen Pumpenhauses eine Aufschüttung vorgenommen werden, so daß dort im Frühjahr über den jetzt verstreut liegenden schweren Betonmassen ein Werksgarten errichtet werden kann. Das Bauamt Freital stimmte bereits zu. Stadtbaumeister Rothe lehnt sich dagegen, da dort evtl. ein Gebäude hingebaut werden könnte. Die Meinung erscheint uns sehr primitiv, da noch nicht vorauszusehen ist, wann dort überhaupt ein Gebäude gebaut werden kann.

4) Die Kohlenhändler von Freital sprachen vor, um in unserem Gelände einen Kohlenablageplatz einzurichten. Die Verhandlungen gehen dahin, daß nach Vorschlag von Herrn Vogler die Pforte mit benutzt werden kann als Büro und Aufenthaltsraum für die Wächter. Die Kohlenhändler werden versuchen, einen Teil Arbeitskräfte für die Aufräumungsarbeiten, soweit es ihr Platz erfordert, zu stellen.

5) Die hier im Werk liegenden Schrottmengen sollen vor einer russischen Wirtschaftskommission abgeführt werden.

Diese Angelegenheit wurde so geregelt, daß der reichsbahneigene Schrott erst dann zum Verladen kommt, wenn von Seiten der MWF festgestellt ist, daß sich kein Nutzmaterial mehr unter dem Schutt befindet. Die Fa. Hasche, Freital hat über das Eisenkontor den Auftrag erhalten, auch nur diesen Schrott abzuführen. Die verladenen Mengen werden mit der Reichsbahn verrechnet. Für die im Werksgelände befindlichen Schrottmengen, welche der FSI gehören, ist vorläufig das Interesse in dieser Weise genommen, da die Bergungskosten des Schrottes höher liegen als der Schrottwert. Auch hier wird nur die Menge abgeführt, welche nicht mehr als Nutzmaterial anerkannt wird. Diese Materialien verrechnet die Fa. Hasche jedoch mit der FSI. zu einem allerdings sehr geringen Schrottpreis.

Die Schrottaktion wird so gesteuert, daß sie sich zugleich im Zuge der Aufräumungsarbeiten des Werkes eingliedern kann. Sie hat bereits begonnen.

6) Eine kleine Kolonne des Betriebes wurde beauftragt, unter Abgabe einer Prämie, Nutzmaterial aus dem gesprengten Gelände zu bergen, um die Reparatur von Lokomotiven weiterhin zu ermöglichen, da die Zuteilung von Materialien noch nicht eingesetzt hat.

Im gleichen Zug soll ein freiwilliger Arbeitseinsatz einer Ziegelbergungsaktion an einem freien Sonntag vorgenommen werden.

7) Der Ausstoß von Lokomotiven hat sich noch nicht gebessert. Es ist jedoch auf Grund dessen, daß zuviel angefangene Loks nicht fertiggestellt werden konnten, in dem kommenden 1/2 Jahr ein erhöhter Ausstoß zu erwarten.

Man rechnet damit, daß sich dadurch der Gesamtumsatz des Werkes gegenüber dem Gesamtumsatz 1947 um 25% in diesem Jahr steigert.

Da die Reichsbahn bisher zu wenig Loks anlieferte, wird sich der Ausstoß in den nächsten Quartalen hauptsächlich auf Industrie-Lokomotiven erstrecken, obwohl dringendster Bedarf ist. Die Reichsbahn gibt zu, daß dies Verwaltungsstörungen sind; dabei ist bereits die Wirtschaftskommission und der Vizepräsident in Dresden unterrichtet worden und unsere Bemühungen um Zustellungen schon über ein 1/4 Jahr dahingehend.

8) Die inzwischen fertiggestellte Kesselhausanlage ist soweit fertig, daß nun die Probeheizung sowie die Abnahme der Kesselanlagen erfolgen kann. Die Heizrohre werden in den kommenden Wochen, noch vor Einbruch des Winters, in die Halle verlegt.

9) Zu der uns zugeteilten B.-Verpflegung erhalten wir jetzt noch 120 Portionen sogenannte A.-Verpflegung, welche für die Schwerstarbeiter des Betriebes vorgesehen ist. Ein Teil der Belegschaft wird sich diese Verpflegung austauschen mit solchen, die keine erhalten. Streitigkeiten durch gewisse Belegschaftsmitglieder ließen sich jedoch nicht ausschließen. Die Mittagskost ist als gut zu bezeichnen und auch reichlich.

10) Unser Unternehmen ist noch nicht in der Lage, defizitfrei zu arbeiten, so daß die Beschaffung der notwendigen Gelder enorme Schwierigkeiten bedeutet. Zusätzlich kommt noch hinzu, daß die offenen Rechnungen zu spärlich eingehen. Desgleichen fehlt uns die Auslastung der Differenzbeträge durch unseren Maschinenbau. Durch einen in der Waggon-Reparatur und der Kesselschmiede vorgegebenen Gutzeitenakkord wollen wir in die Lage kommen, einen größeren Ausstoß zu erzielen sowie durch Rationalisierung unserer Arbeitsplätze unseren Hilfskostenlohnsatz zu verringern, um damit produktiver zu werden. Aber auch dieses schließt nicht notwendige Investierungen aus, die immer wieder für den Ausbau des

Werkes die Hauptlast darstellen. So kostet z.B. die Lok unseres Rangierbetriebes einschl. Löhne täglich DM 104,–, unser Lastwagenbetrieb täglich DM 74,–, der Elektrokarren täglich DM 33,–.

11) Nach fast dreijähriger Bemühung erhielten wir nun erstmalig 1 t Zement von der Landesregierung zugeteilt. Diese Menge reicht nicht für die augenblickliche Winterfestmachung, geschweige für unsere vorgenommenen Bauvorhaben.

12) Die Disziplin unserer Belegschaft läßt noch viel zu wünschen übrig. Es sind immer wieder nur einige Belegschaftsmitglieder, welche konstante Arbeit leisten, und ein großer Teil ziemlich gleichgültig der Arbeit gegenübersteht. Mit letztgenannten Belegschaftsmitgliedern, welche überwiegend sind, können selbstverständlich die erhofften Ziele nicht so erreicht werden wie notwendig und dem Betrieb ist dadurch nur wenig Möglichkeit gegeben, Gelder frei zu machen für soziale Einrichtungen des Werkes.

13) Zum Rangieren der Lokomotiven in der neuerstellten Lok.-Reparatur Halle 3b sowie zu der Erweiterung unserer Kesselschmiede in dieser Halle wird jetzt eine Spillanlage aufgestellt.

14) Die unlängst gegründete Jugendgruppe zeigt sich in ihrer Tätigkeit aktiv, und es machen sich auch bereits einige günstige Anzeichen in der Arbeit bemerkbar, so daß mehr Augenmerk auf die Jugend gerichtet werden muß, um die Erfolge der gesteckten Ziele recht bald zu erreichen.

Die Jugendgruppe besichtigte bereits gemeinsam eine Gewerkschaftsausstellung in Dresden, veranstaltete eine größere Wanderung in die Sächs. Schweiz und übt jetzt an der Gestaltung eines Gesellschaftsabends.

15) Der von der Deutschen Wirtschaftskommission aufgestellte Zweijahresplan würde von unserem Betrieb noch einen anderen Aufschwung erwarten als sich durchführen läßt. Es müßte aus diesem Grund erst einmal geklärt werden, wer und welche Materialien uns in Zukunft angeliefert werden können. Desgleichen müßten wir die Möglichkeit haben, unseren Belegschaftsstand zu erweitern, wodurch jedoch ein Bedarf an Werkzeugen nicht ausbliebe und vorerst geregelt werden müßte.

Wir erhielten weder von der Deutschen Reichbahn noch von der Landesregierung eine Anweisung, inwiefern wir uns an die Planzahlen des Verkehrswesens eingliedern sollen, sondern nur von der Stadt Freital ein Formular, aus welchem die Umsatzwerte unserer Erzeugnisse erkennbar sind, sowie unsere Wünsche bezüglich der erforderlichen Produktion niederschreiben sollen. Diese Unterlage als Plan erscheint uns sehr gering und nicht ausreichend für eine so große Aufgabe, wie der Zweijahresplan eigentlich fordert. Der zugleich laufende Halbjahresplan dürfte sich bei uns durch die im Punkt 7 bezeichneten Ausstoßziffern der Lok.-Reparatur bereits kennzeichnen.

16) Die Dachrinnen der FSI.-Gebäude werden instandgesetzt.

Das Hallendach der Halle 3b, welches unter Aufwand größter Kosten hergerichtet war, wird bereits schon wieder durch einen Dachdecker bearbeitet.

17) Nun endlich wurde die längst fällige Schweißerprüfung vorgenommen. Die sehr schwierig zu beschaffenden Materialien 37–11 und die notwendigen Elektroden haben diese Angelegenheit sehr verzögert. Auch diese Schweißerprüfung wurde wieder abgebrochen, da es sich zeigte, daß die uns für diese Schweißerprüfung angegliederten Materialien anderer Analyse sind als zu erwarten war. Es ist praktisch nicht möglich, für eine Schweißung, welche heute an einem Fahrzeug gemacht wird, zu garantieren, da die entsprechenden Grundmaterialien nicht vorhanden und wenn, dann nicht mehr in der Analyse bereit sind. Die Schweißerprüfung wurde damit wieder bis zur Analysierung der Materialien verschoben.

1. September–1. Oktober 1948

1) Entsprechend dem Punkt 2 in der Zeit vom 15.7.–1.9.1948 sollten entsprechend eines Vertrages die Materialien auf dem FSI.-Gelände von der Fa. Schulze geborgen werden, unter dem Vorbehalt, daß die Firma dafür das Gelände einebnet. Inzwischen jedoch ist eine Schrottaktion der SMA in derartig verstärktem Maße eingetreten, daß die Bergung der Materialien sehr darunter zu leiden hat und die Einebnung des Geländes nicht in der Form erfolgen kann, wie vorgesehen (siehe auch Punkt 5 in obiger Zeitspanne).

Am Platz sind mit der Bergung der Schrottmengen im Auftrage der SMA ca. 100 Mann beschäftigt.

Hier und da entstehen Differenzen über das Eigentumsrecht des Nutzenmaterials. Ein Teil der Belegschaft ist sehr eifrig bemüht, Material zu bergen. Es ist jedoch unmöglich, all das gute Nutzmaterial aus dem Schrott zu gewinnen, da andererseits der Materialbestand im Werk so hoch wird, daß selbst bei einer Abführung dieser Materialien an andere Firmen die Bergungskosten nicht von der MWF übernommen werden konnten. Andere Firmen aber [haben] auch andererseits keine Genehmigung erhalten, in unserem Gelände Nutzmaterial zu gewinnen. Selbst der Eigentümer des Waggonschrottes, die Deutsche Reichsbahn, ist nicht in der Lage, alle Nutzmaterialien zu bergen, obwohl diese mit einer großen Belegschaft hier bei der Schrottaktion tätig ist. Es werden ca. 3000 t Schrott, welche abgeführt werden, geschätzt.

2) Mit dem Kohlenplatz für die Freitaler Kohlenhändler wird nichts.

3) Der fertiggestellte Kessel im Kesselhaus wurde von der Kesselinspektion abgenommen und kann in Betrieb gesetzt werden.

4) An der Heizungsanlage wird in den Werkshallen noch gearbeitet, da die Arbeiten vor Einbruch des Winters beendet sein müssen.

5) In diesem Quartal ist ein erhöhter Ausstoß an Lokomotiven zu erwarten, da in den vergangenen Monaten sehr viel Vorarbeiten geleistet wurden. Es ist jetzt mit monatlich 3 Lokomotiven-Ausstoß bis Weihnachten zu rechnen.

6) In der Abteilung Waggonbau machen sich mehr und mehr Materialschwierigkeiten bemerkbar, da Ersatzteile, welche bisher aus dem Schrott gewonnen wurden, nicht mehr genügend zur Verfügung stehen. Es wird versucht, mögl. viel Privatunternehmen zu gewinnen, um von dort laufende Reparaturen zu erhalten. Entsprechende Verhandlungen diesbezüglich sind im Gange. So wird auf dieser Basis möglich sein, mit dem letzten wenigen Material noch wenigstens für eine längere Zeit die Produktion in dieser Abteilung aufrecht zu erhalten.

7) Die Finanzierung unseres Unternehmens wird immer komplizierter durch die erhöhte Steuerlast. Es ist zu erwarten, daß in diesem Jahr der Umsatz um DM 300000,– höher liegt als im Vorjahr, d.h. daß mit DM 1000000,– gerechnet werden kann.

8) Die technische Lage des Betriebes ist jetzt so, daß ein gewisser Fluß in den Arbeitsgängen vorhanden ist, jedoch muß dies noch so ausgebaut und rationalisiert werden, daß die Transportzeiten auf ein Minimum herabsinken. Die dafür benötigte 1500 kg Demagzugbahn, welche längs durch die Halle 3a gehen soll, wird dazu beitragen. Dieselbe ist jetzt bis auf die Hälfte der gesamten Strecke fertiggestellt.

9) Der Umzug der Klempner aus Halle 3a nach 3b wird das Aufarbeiten der Wasserkästen, Führerhäuser usw. unmittelbar an den Montageplätzen ermöglichen. Allerdings müssen noch die Arbeiten beendet werden für Schleuse und Wasser.

Außerdem sind eine Anzahl Transportwagen hierfür in Arbeit.

Der Bohrstand für die in diesem Zug geschaffene Kesselschmiede ist in Betrieb und bewährt sich vorzüglich.

10) Gewisse Einrichtungen zum Schneiden von Gewinde und zum Bohren maschineller Art der Feuerbuchsen sind angeschafft und bringen bedeutende Vorzüge und Erleichterungen.

11) In einzelnen Abteilungen konnte bereits der Akkord eingeführt werden.

12) Die Produktion läuft jetzt in der Form, daß es eine leichte Aufgabe sein wird, in diesem Betrieb zur gegebenen Zeit, nach Lösung der Materialschwierigkeiten, den Neubau von Rangierloks oder Feldbahnloks vorzunehmen. Es sind allerdings hierfür noch eine gute Anzahl Maschinen notwendig, welche jedoch nach und nach beschafft werden können. So wird uns von Chemnitz im Tauschverfahren ein größerer Kompressor angeliefert werden, so daß wir dann 3 Kompressoren besitzen.

13) Der von uns gebaute 25 t Kran bewährt sich vorzüglich.

14) Die aufgebaute Spillanlage ist fertiggestellt.

15) Innerhalb der Belegschaft ist ein außerordentlich guter Spezialistenkreis entstanden in den Abteilungen Waggon- und Lok.-Reparatur sowie Kesselschmiede.

16) Der Maschinenbau ist vollkommen eingestellt, dagegen ist die Holzfräserfabrikation um das Doppelte gestiegen, so daß im III. Quartal 1948 DM 13000,– Umsatz an Fräsern erzielt wurde.

Geliefert werden Nuten, Phasen- und Profilfräser in Kronenform.

17) Eine Brausebadanlage soll noch in diesem Jahr aus alten Gasbehältern von D.-Zugwagen und hier im Schrott lagernden Materialien für die Belegschaft erstellt werden.

18) Der Belegschaftsstand ist jetzt 300 Mann.

19) Zusammenfassend kann gesagt werden, daß unter den außerordentlich schwierigen Verhältnissen und dem ausgesprochenen Aufbauwillen einiger guter Belegschaftsmitglieder Wertvolles geschaffen wurde und unser Unternehmen zu einem Schlüsselbetrieb der Wirtschaft geworden ist, deren sich die Regierung sowie die Stadt Freital noch nicht bewußt ist. Es wurde von jeher versucht, nicht durch Reklame die Aufmerksamkeit auf unseren Betrieb zu lenken, sondern nur durch die Kritik an der Qualität unserer Arbeit, die Fachwelt an uns zu ziehen. Es ist auch bis heute noch kein Fall bekannt, wo uns Qualitätsminderungen in der Arbeit nachgewiesen werden konnte. Dies dürfte wahrscheinlich das Fundament überhaupt für alles Gelingen bisher bedeutet haben.

Durch eine kurze Besprechung mit den Vorgesetzten des Betriebes wurde auch jetzt die Disziplin im Betrieb bedeutend verbessert.

Es ist zu wünschen, daß dieser Stand nun endgültig so bleibt.

20) Durch Prämien teils durch Bergwerksaufträge, welche als Füllarbeit in der Abteilung Bearbeitungswerkstatt gefertigt wurden, wird hier und da der Belegschaft wenigstens in geringem Maße die Möglichkeit gegeben, Textilien oder ähnliches zu erhalten.

21) Nach Ausscheiden des alten Betriebsrates und Neuwahl als Betriebs-Gewerkschaftsleitung sprachen die Vertreter der Gewerkschaftsgruppe beim Amt für landeseigene Betriebe vor und erbaten nun endgültig die Übernahme ins Volkseigentum. Einige Tage später unterzeichnete Herr Vogler im Beisein der oben Genannten das Protokoll zur Übernahme ins Volkseigentum. Aus dem Protokoll ist zu ersehen, daß ca. 24000,– DM, welche seinerzeit die Grundlage des Unternehmens bildeten, der Belegschaft in ihre Belegschaftskasse zur Verfügung gestellt werden sollen. Herr Vogler geht dabei, da er das Betriebsvermögen nur treuhänderisch verwaltete, ohne Entschädigung aus.

22) Die Belegschaft will am 16. November 1948 im Beisein der Landesregierung und des FDGB eine Übernahmefeier veranstalten. Hierbei sollen Sachprämien zur Verteilung kommen.

Den Abend will die Jugendgruppe durch Theaterveranstaltungen ausfüllen.

Es ist noch nicht zu übersehen, welcher Sparte Volkseigen der Betrieb nun eingegliedert wird, da eine Mitteilung besagt:

Der Betrieb Mechanische Werkstätten Freital wurde von der Vereinigung der volkseigenen Betriebe [VEB] übernommen und wenige Tage später eine Mitteilung desselben Amtes uns in die Verwaltung der Deutschen Wirtschaftskommission LOWA, Berlin eingliedert.

Herr Vogler nahm die Streichung im Handelsregister des Betriebes unter seinem Namen vor, entsprechend einer Anweisung des Amtes volkseigener Betriebe und erhält wenige Tage später von gleicher Stelle Vorwürfe, weshalb dies getan wurde, da dies Angelegenheit genannter Dienststelle sei.

In der Personalbesetzung änderte sich nichts. Herr Vogler führt das Werk weiter als Direktor. Durch eine Abschluß- und Eröffnungsbilanz am 1. Oktober 1948 wird die Grundlage des Werkes bezeichnet werden.

Dokumente

Dokument 1: Schreiben der Landesverwaltung Sachsen an die FSI vom 12. April 1946.

Dokument 2: Schreiben der Landesverwaltung Sachsen an die FSI vom 18. April 1946.

Dokument 3: Gewerbeanmeldungsbescheinigung vom 15. August 1946.

Dokument 4: Einzahlungsbeleg Sozial-Kasse vom 4. November 1946.

Dokument 5: Verzeichnis der Firmen auf dem Gelände der FSI (etwa Oktober 1946).

Dokument 6: Vorschlag zur Planung der zusätzlichen Finanzierung des sächsichen Schmalspurnetzes.

Dokument 7: Schreiben Johannes Voglers an Herrn Gottschalk von der Landesverwaltung Sachsen (6. Dezember 1946).

Dokument 8: Schreiben Johannes Voglers an Herrn Dilgner [sic!] von der Landesverwaltung Sachsen (6. Dezember 1946). Dazu 2 Anlagen (Befürwortung FDGB und Erklärung des neuen Treuhänders Kirberg).

Dokument 9: Schreiben der Landesregierung Sachsen vom 7. Januar 1947. Produktionserlaubnis durch die Landesregierung.

Dokument 10: Zeitungsartikel – „Demontage ab sofort eingestellt".

Dokument 11: Schreiben von Johannes Vogler an die Landesregierung Sachsen vom 13. Januar 1946 (anbei ein Bericht).

Dokument 12: Schreiben des Amtsgerichts Freital an die MWF vom 6. Februar 1947 (Eintragung in das Handelsregister)

Dokument 13: Ergebnis der Lohnsteuerprüfung vom 28. Februar 1947.

Dokument 14: Betriebsordnung der MWF (mit Wirkung vom 1. Juli 1947).

Dokument 15: SMAD-Akte über die Demontage der FSI/MWF (23. Dezember 1947).

Dokument 16: Richtlinien zur Währungsreform (23. Juni 1948).

Dokument 17: Abschrift des Betriebsvertrages der VEB LOWA MWF (13. Januar 1950).

Dokument 18: Abgegebene Meldungen im I. Quartal 1950 der VEB LOWA MWF.

Dokument 19: Schreiben des Personalleiters der MWF an Johannes Vogler.

Dokument 1

Landesverwaltung Sachsen/Wirtschaft und Arbeit an Firma Freitaler Stahl-Industrie GmbH, Dresden, 12. April 1946

Unter Bezugnahme auf den Antrag auf Weiterführung bisheriger bzw. Aufnahme neuer Fertigungen vom 11.2.46 – Abt. BB Akt. Zeichen Ke/Kbg – wird mitgeteilt, daß die Sowjetische Militär- Administration für das Bundesland Sachsen das Gesuch trotz des ausdrücklichen Hinweises seitens der Landesverwaltung Sachsen auf die Wichtigkeit Ihres Unternehmens für die Instandsetzung von Eisenbahnwaggons und Lokomotiven abgelehnt hat.

Im Auftrage: (Wahl)

Dokument 2

Landesverwaltung Sachsen/Wirtschaft und Arbeit an Firma Freitaler Stahl-Industrie GmbH, Dresden, 18. April 1946

Betr.: Freigabe beschlagnahmter Maschinen zur Durchführung von Waggon- und Lokomotiv-Reparaturen

Trotz mehrfacher Rücksprache hat die SMA f.d. BLS den Antrag auf Weiterführung des Betriebes bzw. Wiederaufnahme der Neuanfertigung abgelehnt. Weitere Eingaben sind völlig zwecklos.

Seitens der Landesverwaltung Sachsen ist stets auf die Wichtigkeit Ihres Unternehmens in der Durchführung der Lokomotiv- und Waggonreparaturen hingewiesen worden. Leider läßt sich aber in dieser Angelegenheit nichts mehr unternehmen. Die eingereichten Unterlagen werden hiermit zurückgegeben.

gez. Stehle, Ref. f. Fahrzeugbau

Anlagen: fehlen

Dokument 3

Der Oberbürgermeister der Stadt Freital

Gewerbeanmeldebescheinigung

Anmeldetag: 15. August 1946
Familienname: Vogler, Vorname: Kurt Johannes
Geburtstag: 17.6.1914, Geburtsort: Pirna, Wohnung: Frtl. Schachtstr. 69
Geschäftslokal in Freital: Hüttenstr. 14
Firmenbez.: Mechanische Werkstätten Freital
Angemeldetes Gewerbe: Waggon- und Lokomotivreparatur, Holzbearbeitungswerkzeugherstellung.
Bemerkung oder Mitteilung: 25,– DM Gebühren

Der Stadtrat – Polizeiverwaltung – Freital, am 15.8.1946, i.A. Unterschrift (unleserlich) Stadt-Amtmann

Dokument 4

An den Betriebsrat der Mechanischen Werkstätten Freital

Wie seinerzeit in einem von mir geplanten und Ihnen genehmigten Beschluß, möchte ich mit dem heutigen Tage, der heutigen finanziellen Lage unseres Werkes entsprechend, Ihnen zur Gründung einer Sozial-Kasse 300,– RM übergeben. Außerdem bitte ich Sie, sich mit der Firma Kujofra im Hause, jeden Monats Ersten, zur Entgegennahme von RM 12,– für eine vermietete Nähmaschine in Verbindung zu setzen.

Erstmalig am 1. November 1946.

Ich hoffe, Ihnen monatlich einen festen Betrag jeweils für Ihre Kasse übergeben zu können, bitte jedoch dabei zu berücksichtigen, daß ich immer dies selbstverständlich nur, nach der jeweils finanziellen Lage des Werkes, tun kann.

Ich würde mich freuen, wenn Sie die Gründung dieser Kasse, der Belegschaft bekanntgeben würden, da diese wie ich hoffe, einen Teil dazu beitragen wird, die sozialen Einrichtungen unseres Unternehmens zu vervollkommnen.

Freital, den 4. 11.46, Direktion

Dokument 5

Anlage zur Seite 49 Punkt 14

1) Firma Mechanische Werkstätten Freital – J. Vogler –, Waggon- und Lokomotivreparatur
2) Firma F. G. Sohre AG, Lederfabrik, Einlagerung von Rinde und Felle
3) Firma E. H. Geyer, Elektrogerätebau
4) Firma Kawe/Waurich, Fotoalbenfabrik und Fotolaborbetrieb
5) Firma Kujofra/Kurt und Johanna Franz, Erste Freitaler Kleiderfabrik
6) Firma Ing. Hans Schmiedel, Zylinderschleiferei
7) Firma Erich Herfurt, Feinmechanik
8) Firma Siemens-Glas, Einlagerung von Kohlen
9) Firma Herbert Federowsky, Branntwein-Brennerei
10) Firma Paul Schäfer, Zigarettenpapier-Fabrikation
11) Firma Alpha/Wehner, Seifenfabrik
12) Firma Sächsische Bauplatten-Fertigung in Gründung
13) Firma Landesversicherungsanstalt Sachsen, Verwaltung
14) Firma Dr. Reinhold Baake, Konstruktionsbüro

Dokument 6

Vorschlag zur Planung der zusätzlichen Finanzierung des sächsischen Schmalspurnetzes

Bestand an Schmalspurloks:	ca. 120 Stück	
Zur Reparatur kommen jährlich 1/4 an schweren Schadgruppen:	ca. 30 Stück	
Theor. Leistungssoll der Mech. Werkstätten im Jahre 1947: (Loks)	ca. 60 Stück	bleiben also 30 Loks f. Sonderfälle
Theor. Leistungssoll der Mech. Werkstätten im Jahre 1947: (Waggons)	ca. 480 Stück	min.

1 Lok = 20000,– RM
30 Loks = 600000,– RM ca. 480 Waggons = 200.000,– RM

200000,– RM
600000,– RM
800000,– RM

werden jährlich gebraucht zur Finanzierung der Instandsetzung von Fahrzeugen und Loks.

Davon müßte die Reichsbahn 200000,– RM ihres Gewinnes begleichen, so daß der MWF 600000,– RM von anderer Seite beigebracht werden müssen.

1000 Stunden werden für die Wiederherstellung einer Lok benötigt sind = 10000 Stunden für 2 B2 Lok pro Monat.

Davon werden 5% des Gemeinkostenzuschlages für die Verwaltung des neuen Finanzierungsorganes benötigt, welche der MWF von Seiten der Reichsbahn erhöht werden mußten (durch die finanz. Unterstützung von dritter Seite müßte dies der Reichsbahn möglich sein).

2½ Lok =	750,– RM	pro Monat
40 Waggons =	250,– RM	pro Monat
	1000,– RM	für die Verwaltung. Der Überschuß bleibt dem Finanzierungsorg. als Einnahme für Sonderfälle.

Verbrauch der notwendigen Gelder (800000,– RM) pro Jahr:
Bei einer Belegschaft von 220 Arbeitskräften einschl. Verwaltung und 10% Ausfall: davon 150 produktive Kräfte

Löhne und Gehälter		600000,– RM
Wasser und Licht		4500,– RM
Miete		25000,– RM
Umsatzsteuer		25000,– RM
Gewerbesteuer	ca.	12000,– RM
für Investierungen		10000,– RM
Material		120000,– RM
		796600,– RM

Beispiel zur Finanzierungsdurchführung:
10 Schmalspurstrecken mit je 10 anliegenden Gemeinden und Städten können aus Geldern, welche durch Industrie und Wirtschaft beigebracht werden, 600000,– RM pro Jahr aufbringen = 500,– RM pro Monat × 100 Gemeinden. Zu bedenken ist, daß mehr Schmalspurstrecken und Gemeinden sowie größere Städte und abhängige Ortschaften vorhanden sind. (Beitrag vielleicht 50,– – 100,– RM pro Monat.

Mechanische Werkstätten Freital, J. Vogler

Dokument 7

Sekretariat Vogler an Landesverwaltung Sachsen, Herrn Gottschalk, 6. Dezember 1946

Vor ca. ⅓ Jahr erteilten Sie uns die Befürwortung unserer Produktion und wir garantierten Ihnen Schmalspurlokomotiven und Waggons so zu reparieren, daß wir damit der Deutschen Reichsbahn und der Wirtschaft eine wertvolle Unterstützung würden.

Unsere Lokomotivreparatur hat sich derartig entwickelt, daß wir in der Lage waren, einen Leistungsplan für unsere Lokomotivreparatur für das Jahr 1947 abzugeben.

Die hier befindliche Waggonreparatur ist als absolut wirtschaftlich zu bezeichnen, wogegen die Lokomotivreparatur erst rentabel werden kann, wenn der Durchlauf von mehreren Lokomotiven pro Monat gewährleistet ist.

Die Qualität unserer Arbeit wurde von Seiten der Reichsbahn-Fachmänner oft lobend hervorgehoben.

Nachdem wir nun auf eine günstige Weiterentwicklung hofften, stellten sich Zahlungsschwierigkeiten bei der Reichsbahn ein, welche den Herrn Dipl. Ing. Hocker vom Dezernat 61-62 veranlaßten, die Lieferung von Schmalspurlokomotiven zu stoppen.

Die bisher geleistete Investierung für diese Projekte sowie der Wille unserer sächsischen Wirtschaft eine wertvolle Kraft zu sein, verbieten uns nur wegen Finanzschwierigkeiten, von Seiten der Reichsbahn, unsere Produktion einzustellen, so daß unser Herr Vogler mit Herrn Dipl. Ing. Hocker (Deutsche Reichsbahn) vereinbarte, Lokomotiven wieder zuzustellen und nach wie vor diese Reparaturen so zu entwickeln, daß selbige sich wirtschaftlich gestaltet.

Außerdem wurde geplant, die gesamte Schmalspurwaggon- und Personenwaggon-Reparatur, an Stelle der bisherigen Breitspur-Waggonreparatur, nach hier zu verlegen, so daß auch in dieser Weise größere Wirtschaftlichkeit garantiert werden kann.

Herr Hocker betont ausdrücklich, daß er für die Schmalspurstrecke nach wie vor nicht genügend Mittel hat und diese immer von anderen Geldern abzweigen müßte, da er durch die Zentralstelle Berlin keine Mittel für das Schmalspurnetz zur Verfügung erhält.

Das sich hier entwickelnde Projekt verlangt, daß sein Geschäftsskelett einigermaßen stabile Einnahmen hat, so daß auch mit einem Kredit, welcher zeitweise Zahlungsschwierigkeiten überbrücken müßte, nicht gedient ist.

Auf keinen Fall aber darf hierdurch das Streckennetz gefährdet werden und Züge zum Ausfall kommen. Herr Hocker betonte, daß er gern Vorschläge von Herrn Vogler entgegennehmen würde zur Beifinanzierung Schmalspurstrecke, worauf Herr Vogler sich mit dem Herrn Wahl vom Amt für Wirtschaft und Arbeit, Freital und mit Herrn Stadtkämmerer Baumgarten, Freital zu einer Beratung zusammensetzte.

Die Herren unterrichteten dies dem Stadtrat zu Freital und kamen zu der Meinung, es muß ein kommunaler Ausschuß, als Beiträger, gebildet werden und erbitten die Stellungnahme der Reichsbahn und der Mechanischen Werkstätten Freital in dieser Angelegenheit.

Wie Sie Herr Vogler unterrichtete, ist von Seiten der Mechanischen Werkstätten Freital ein vorläufiger Plan ausgearbeitet worden, der die notwendigen Gelder zeigt, wobei besonders erwähnt wird, daß sich dies um Minimumleistungszahlen handelt und zugleich einen Vorschlag enthält, für die Art der Finanzierungsdurchführung.

Dokument 8

Johannes Vogler an Landesverwaltung Sachsen, Herrn Dilgner [sic!], 6. Dezember 1946

Vor einiger Zeit wünschten Sie in einem uns zugestellten Schreiben die Beibringung des 13 Punkteantrages zur Befürwortung des Unternehmens der Mechanischen Werkstätten Freital, J. Vogler. Wir haben uns daraufhin mit der zuständigen Stelle auf dem Karl-Marx-Platz in Dresden in Verbindung gesetzt und erhielten von dort den Bescheid, daß dies für unseren Betrieb nicht mehr notwendig sei und der betreffende Sachbearbeiter sich diesbezüglich mit Ihnen in Verbindung setzen wollte. Wir geben Ihnen nunmehr nachfolgend unsere Stellungnahme dahingehend bekannt, daß wir auf Grund des Kontrollratbefehles 25 nicht für notwendig halten, die Befürwortung der SMA zu erhalten, da es sich bei unserem Unternehmen um ein Neugegründetes handelt und keinesfalls um die Fortführung der Geschäfte der Freitaler Stahl-Industrie.

Wir betonen ausdrücklich, daß die Freitaler Stahl-Industrie auch heute noch besteht und lediglich die Vermieterin für die Werksräume und damit für unsere Montagehallen darstellt.

In der FSI befinden sich außer der MWF noch einige andere Firmen, die ebenfalls eingemietet sind.

Wir bitten Sie, nach Überprüfung unserer Unterlagen, um Ihre gefällige Befürwortung und um Zustellung dieser an Herrn Ludwig in der Rechtsabteilung der Industrie- und Handelskammer, da genannter Herr für die Eintragung in das Handelsregister Ihre Befürwortung benötigt.

Herr Ludwig hat bereits mehrfach bei uns angefragt, weshalb wir ihm diese Befürwortung nicht zugehen lassen, und wir mußten ihn immer dahingehend unterrichten, daß bei der Landesverwaltung der Antrag zum Erfolg geführt hat, jedoch sich noch keine Stelle gefunden hat, welche die Befürwortung schriftlich aushändigte.

Die MWF hat bereits jetzt große Schwierigkeiten erhalten durch die Nichteintragung ins Handelsregister bei der Einlieferung der Post sowie im Zahlungsverkehr mit der Landesbank.

Für Ihre Bemühungen dankend, zeichnen wir hierdurch hochachtungvoll, Mechanische Werkstätten Freital, J. Vogler

Anlage: Geschäftsverlauf der Freitaler Stahl-Industrie
Anlage: Arbeitsverbot vom 12.4.46 (Abschrift)

Anlage: Arbeitsverbot vom 18.4.46 durch die Landesverwaltung
Anlage: Aufrechterhaltung des bisherigen Zustandes (Abschrift)
Anlage: Geschäftsverlauf der neugegründeten MWF
Anlage: Gewerbeanmeldebescheinigung
Anlage 7: Befürwortung des FDGB.
Anlage: Bestellungsnachweis über das Ausscheiden des früheren Treuhänders der FSI und des Neuantritts des jetzigen Treuhänders.
Anlage 9: Bestätigung über die Richtigkeit des Treuhänders der Freitaler Stahl-Industrie

Anlage 7 zum Brief vom 6. Dezember 1946

FDGB, Freier Deutscher Gewerkschaftsbund Land Sachsen
Ortsausschuß Dresden, Büro Freital
Freital, am 19. August 1946

Befürwortung
Die Gründung der Mechanischen Werkstätten Freital, Hüttenstraße 14, Inh. Johannes Vogler, wird hiermit von dem F.D.G.B. befürwortet.

Freier Deutscher Gewerkschaftsbund
Industriegebiet Freital
gez. Löbeta

Anlage 9 zum Brief vom 6. Dezember 1946

Kurt Kirberg an Landesverwaltung Sachsen, Herrn Dilgner [sic!],
7. Dezember 1946

Als Treuhänder der Freitaler Stahl-Industrie bestätige ich hiermit, daß die, von dem Inhaber der Mechanischen Werkstätten Freital, Herrn J. Vogler, in seinem Schreiben vom 6.12.46 an Herrn Dr. Dilgner [sic!] in der Landesverwaltung Sachsen gegebenen Angaben auf Wahrheit beruhen und die Freitaler Stahl-Industrie keineswegs in geschäftlicher Verpflichtung zur Mechanischen Werkstätte Freital steht.

Ich bestätige weiterhin, daß nach erfolgter Demontage der Freitaler Stahl-Industrie, die Mechanischen Werkstätten Freital, J. Vogler, keinesfalls den Wiederaufbaubetrieb der FSI. darstellt.

Hochachtungsvoll!
Freitaler Stahl-Industrie
Der, von der Landesverw. Sachsen eingesetzte Treuhänder.

Dokument 9

Landesregierung Sachsen/Ministerium für Wirtschaft und Wirtschaftsplanung an Firma Mechanische Werkstätten Freital, Johannes Vogler, Dresden, 7. Januar 1947

Die nach der Anordnung der LVS vom 25.5.46 (Gesetzesammlung Nr. 15/46 S. 213) nachgesuchte Zustimmung der Landesregierung Sachsen zur Errichtung eines Betriebes zur Reparatur von Reichsbahnwaggons und Schmalspurlokomotiven wird hierdurch erteilt.

Im Auftrage, gez. Dr. Dilger

Dokument 10

Demontagen ab sofort eingestellt

Auch ein Freitaler Betrieb bleibt erhalten

Als durch den Rundfunk und die „Sächsische Zeitung" bekannt wurde, daß die Demontagen in der sowjetischen Besatzungszone eingestellt und die Reparationen aus laufender Produktion bedeutend herabgesetzt werden, ging ein Aufatmen durch die Bevölkerung, denn wohl alle sind sich der außerordentlichen Bedeutung und Tragweite dieser Maßnahme bewußt. Bei einem Gang durch Freitaler Betriebe unterhalten wir uns mit Betriebsräten, Betriebsleitern, Arbeiterinnen und Arbeitern. Überall können wir feststellen, daß diese schaffenden Menschen nun die Gewißheit haben, störungsfrei für unsere eigene Wirtschaft weiterzuarbeiten, weil jeder weiß, daß die noch vorhandenen Maschinen erhalten bleiben.

Für unsere Jugend bedeutet jedoch der Erlaß der SMA, den wir der zielbewußten Arbeit der SED und den unermüdlichen Bemühungen ihrer Funktionäre verdanken, noch viel mehr, denn nun kann sie mit voller Kraft eine neue Zukunft aufbauen.

Der Betriebsleiter der Mechanischen Werkstätten Freital, J. Vogler, sagt unserem Berichterstatter: „Nach Bekanntwerden des Erlasses der SMA über die Einstellung der Demontage war uns allen wohler ums Herz, da sich gerade in unserer Produktionsstätte die Belegschaft immer wieder durch die Möglichkeit einer weiteren Demontage sehr beeindruckt fühlte. Wir sind beglückt darüber, zu wissen, daß unsere ganze Arbeit jetzt dem Wiederaufbau unserer Heimat gelten kann.

Frau Angela Jentsch, Elektrohelferin in diesem Betrieb, meint: „Wir haben den Erlaß der SMA betreffs Einstellung der Demontagen, Herabsetzung der Warenleistung für Reparationen und die Freigabe der Kaliproduktion aus den Reparationslieferungen gleich nach seiner Bekanntgabe durch Rundfunk und Flugblätter lebhaft diskutiert. Alle meine Kolleginnen und Kollegen sind zu der Erkenntnis gekommen, daß dieser Erlaß einen großen Aufschwung im Wiederaufbau mit sich bringt. Ich glaube, der Fortfall der Karte VI und die endgültige Einstellung der Demontagen haben die unverbesserlichen Meckerer belehrt, daß die Versprechungen der SED keine leeren Phrasen sind. Besonders wir Werktätigen der MWF sind dankbar, daß uns nun unsere Arbeitsstätte erhalten bleibt. Wir werden uns dieses Vertrauens würdig zeigen und unermüdlich weiterarbeiten. Einen besseren Jahresanfang konnte es gar nicht geben."

Ein anderer Arbeiter der MFW, Max Schneider, der als Elektriker tätig ist, meint: „Seitdem das Dekret der SMA bekannt ist, gehen wir mit ganz anderer Lust zur Arbeit, denn wir wissen, daß unser unermüdliches Schaffen in den letzten 1 1/2 Jahren nicht vergebens war. Ich glaube, alle Werktätigen unserer Besatzungszone werden jetzt mit dem festen Willen an die Arbeit gehen, alles für den Wiederaufbau unserer Heimat zu tun. Hoffen wir, und arbeiten wir dafür, daß uns dieses Jahr auch noch ein einheitliches Vaterland bringt. Wenn alle Schaffenden gemeinsam für dieses Ziel kämpfen, dann wird es nicht schwer werden, es zu erreichen."

Dokument 11

Johannes Vogler an Landesregierung Sachsen/Ministerium für Wirtschaft und Wirtschaftsplanung, Herrn Gottschalk, 13. Januar 1947

In der Anlage überreichen wir Ihnen 1 Original mit 3 Durchschriften unseres Berichtes zur Verhütung des Abbruchs unseres Werkes, sowie 3 × 3 Fotografien wie besprochen und 2 Lagepläne der Mechanischen Werkstätten Freital.

Erfreulicher Weise erhielten wir durch einen Anruf der Kommandantur Freital, am Sonnabend den 11.1.1947 den Bescheid, daß von dem Abbruch unseres Werkes abgesehen wird, da zu wenig Materialausbeute zu erwarten ist. Wir bitten Sie aber trotzdem, unseren Bericht dringendst weiter zu geben, damit alles versucht wird, uns vor ähnlichen Fällen zu bewahren.

Hochachtungsvoll!
Mechanische Werkstätten Freital, J. Vogler

Bericht

Mechanische Werkstätten Freital J. Vogler
Freital II, Hüttenstraße 14, 12. Januar 1947

Die Mechanischen Werkstätten Freital – J. Vogler –, (in diesem Brief kurz bezeichnet MWF), welche im Grundstück der Freitaler Stahl-Industrie, Freital Hüttenstraße 14, (in diesem Brief kurz bezeichnet FSI) eingemietet sind, haben nach Überwindung der ersten Anlaufschwierigkeiten die Reparatur von Schmalspurlokomotiven, Güterwaggons und Personenwagen so entwickelt, daß dies eine bedeutende Hilfe für die Aufrechterhaltung des Transportwesens der Deutschen Reichsbahn darstellt.

Die Vermieterin der Montagehallen ist ein ehemaliger Rüstungsbetrieb, welcher dem Flick-Konzern angehörte, so daß die Firma bereits 1 mal 100% demontiert wurde und schon 4 mal den Abbruchbefehl erhielt. Der letzte Abbruchbefehl wurde von einem russ. Major von Karlshorst am 4.1.1947 vorgelegt.

Dieser Offizier betonte ausdrücklich, daß er kein Interesse an diesem Abbruch hat, da zu wenig Ausbeute an Eisenkonstruktionen zu erwarten ist.

Uns ist bekannt, daß die 3 vorhergehenden Abbruchbefehle ebenfalls aus diesem Grund zurückgezogen wurden.

Russische Spezialisten sind der Meinung, daß das Material der Deckenstützen für das Holzdach nach der Demontage, keinen praktischen Wert mehr hat und wir bitten hierdurch um Ihre Fürsprache, zur Erhaltung unserer Montagehallen damit sich unser Betrieb wenigstens soweit wirtschaftlich gestalten läßt, daß er tragbar wird und dem Lande Sachsen erhalten bleibt.

Wir betonen ausdrücklich, daß die MWF mit der Vermieterin der FSI, geschäftlich nichts gemein haben, noch irgendwie in Verbindung stehen, sodaß mit einer Demontage des Eigentums der MWF, nicht zu rechnen ist. Jedoch die Produktion sofort gestört würde, wenn nicht gar zum Ausfall käme.

Wir erlauben uns zu Ihrer näheren Information einige Hinweise auf die Geschäftsstruktur der MWF zu geben und bitten diese bei Ihrem Vortrag bei den russischen Stellen besonders zu beachten.

1) Entwicklung der Mechanischen Werkstätten Freital – J. Vogler –

Da auf Grund des Arbeitsverbotes von SMA Dresden über die Landesverwaltung Sachsen der FSI, welche sich nach dem Kriege mit der Reparatur von Waggons und Breitspurlokomotiven beschäftigte, die weitere Produktion verboten war (Flick-Konzern), hat sich Herr Ingenieur J. Vogler, Freital I, Schachtstraße 69 mit einigen Arbeitern und verantwortungsbewußten Männern zu einer Arbeitsgemeinschaft zusammengeschlossen und die MWF gegründet.

Das Anfangskapital, so betonen wir ausdrücklich, sind Spargroschen der Arbeiter gewesen.

Die dringende Hilfe, welche die Deutsche Reichsbahn zur Aufrechterhaltung des sächsischen Schmalspurnetzes benötigte, zu gewähren, sollte in erster Linie den Sinn und den Zweck des neuen Unternehmens darstellen.

Durch Anlernung von Spezialkräften in mühevoller Gemeinschaftsarbeit zwischen der deutschen Reichsbahn und der MWF, ist die Garantie für eine gute Qualität der Erzeugnisse gegeben, was besonders in Fachkreisen auch anerkannt wurde.

Die Preise liegen im gleichen Niveau der Kosten, welche die Deutsche Reichsbahn in ihren Werkstätten benötigt und sind besonders gegenüber verschiedener Konkurrenzfirmen in der Waggonreparatur äußerst günstig.

Das von der MWF gemietete Gelände ist im beiliegenden Lageplan markiert. Die MWF wurde seinerzeit befürwortet von

a) Der Landesregierung Sachsen, Herrn Ministerialdirektor Siegel, Herrn Oberregierungsrat Gottschalk, Herrn Oberregierungsrat Dr. Dilger
b) Industrie- und Handelskammer Sachsen von der Rechtsstelle Herrn Ludwig
c) Durch die Stadt Freital (Gewerbeanmeldebescheinigung)
d) Durch den Freien Deutschen Gewerkschaftsbund
e) Beginn der eigenen Produktion am 15. August 1946.

2) Charakterisierung der Arbeitsplätze

Die von der FSI vermieteten Montageräume sind vier, von den elf großen unheizbaren Werkshallen, welche hier zur Verfügung stehen. Sämtliche Hallen sind in leichter Holzdachkonstruktion ausgeführt und nur die Dachstützen sind Eisenträger, welche früher auch als Stützen der Kranbahn für 5 to Kräne Verwendung fanden.

Diese Kranbahnen sind wie alle weiteren Einrichtungen sämtliche demontiert.

Russische Spezialisten haben mehrfach die Art der Hallenkonstruktion für eine Demontage als unbrauchbar bezeichnet, u.a. auch ein Offizier von Karlshorst, welcher am 20.12.1946 die FSI besuchte. Um diese Träger zu gewinnen, müßte das Mauerwerk und das Dach niedergebrochen werden.

3) Einrichtung für die Produktion

Infolge Mangel an Kränen wurden vorläufig Winden gebaut.

Die Gleisanlagen sind außerhalb der Räumlichkeiten und wurden von der MWF in verschiedene Hallenschiffe gelegt. Die Hallenschiffe haben ein Ausmaß von 120 × 17 m.

Wieder aufgearbeitete Werkzeugmaschinen werden zur Zeit aufgestellt. Die weiteren mech. Bearbeitungswerkstätten sind außerhalb des Grundstücks und wahrscheinlich nicht gefährdet.

4) Verluste durch Abbruch

a) Augenblicklich befinden sich 8 Lokomotiven schwerster Schadgruppe im Werte von 60-120000,– RM im vollkommen zerlegten Zustand, im Betrieb. Der Abtransport dieser Teile kann als unmöglich bezeichnet

werden, da hierbei bestimmt selbst bei größter Sorgfalt, alles durcheinander käme und ein großer Teil verlustig ginge.
Auch der Verlust der beschafften Magazinteile ist nicht unerheblich. Eine andere Produktionsstätte außerhalb des Werkes ist nicht vorhanden.
Der Verlust an Reichsbahnwerte[n] beträgt damit ca. 1 Mill RM.

b) Das Werk ist sehr wirtschaftlich, da es zentral im sächsischen Schalspurnetz liegt. Außerdem befindet sich die Probestrecke dicht am Werk. Der Kohlenverbrauch ist hierdurch für neu eingesetzte Maschinen besonders gering. Die Außenkolonnen brauchen nicht tagelang unterwegs zu sein.
Der Verlust des Werkes ist vorallem deswegen aber für das Land Sachsen erwähnenswert, da versucht werden soll, in Gemeinschaftsarbeit mit der Deutschen Reichsbahn in späteren Jahren hier einen Lokomotivneubau zu schaffen, wofür heute bereits die Voraussetzungen nach und nach geschaffen werden müssen.

c) Die Deutsche Reichsbahn darf z.Z. nur 2 Schmalspurlokomotiven schwerer Schadgruppen ausbessern und benötigt unsere Reparaturen zur Aufrechterhaltung des Schmalspurnetzes. Karlshorst verlangt von uns die doppelte Anzahl und die Steigerung bis zu 7 Lokomotiven im Monat Dezember 1947.
Wir können uns nicht vorstellen, wie die Landesregierung Sachsen mit der Deutschen Reichsbahn die Gefährdung des sächs. Schmalspurnetzes regeln wird, wenn unsere Produktionsstätte zum Erliegen kommt.

d) Die Notwendigkeit, Personenwagen auszubessern ist im Augenblick so dringend, daß auch hier ein erheblicher Verlust zu spüren ist, dann wenn sich unser Betrieb auch in dieser Weise nicht entfalten kann.

e) Die Deutsche Reichspost, welche durch die Reichsbahndirektion an uns verwiesen wurde, verliert ebenfalls eine Reparaturstätte für ihre Bahnpostwagen.

f) Die jetzt im Werk befindlichen 300 Arbeitskräfte sind sämtliche durch eigene Initiative zu Spezialisten herangebildet worden und würden, wenn nicht gar arbeitslos, zumindest aber als Lokfachleute, welche heute sehr dringend benötigt werden, verloren gehen. Ein großer Teil der Belegschaft wohnt auswärts.

g) Damit in Zukunft die Finanzierung der Reichsbahnaufträge ausgeglichen werden kann, wurden verschiedentlich kleine Bau- und Industrielokomotiven in Arbeit genommen, so daß bei Ausfall unserer Werkstätten, manchem Unternehmen neue Schwierigkeiten entgegentreten.

h) Der Stadt Freital entfällt einer der wichtigsten Steuerzahler.

i) Das Anlagekapital des Werkes beträgt im Augenblick 100000,– RM.
Das Unternehmen selbst müßte, um nicht dem Konkurs zu verfallen, eine andere Produktionsmöglichkeit suchen und würde damit wahr-

scheinlich nur unter der Vielzahl der mech. Betriebe verschwinden und damit ihre[n] wertvollen, politisch gesehen, idealistisch gewillten Männer[n] am Wiederaufbau des Transportwesens nur untergeordnete Aufgaben geben können.

5) Weiterführung der Produktion

Sollte die SMA den befürchteten Abbruch nicht umgehen können, dann bestünde für eine weitere Produktion die Möglichkeit, wenn uns die im Lageplan gekennzeichneten Hallen verblieben, wodurch der Charakter des Rüstungswerkes damit genommen wird. Schlimmstenfalls auch dann, wenn uns ein bis 2 Hallenschiffe und die frühere sog. Verladerampe, in welcher wir im Augenblick unsere Lokomotiven reparieren, erhalten bleiben.

6) Von dem Abbruchbefehl haben wir folgende Stellen unterrichtet:

a) In einem Schreiben an die Hauptverwaltung der Deutschen Reichsbahn Berlin, zur Weitergabe an die Reichsbahndirektion Dresden (HVEV 50 Pulz 10) vom 11.12.1946, gibt die SMA Karlshorst ausdrücklich bekannt, daß die MWF zur Ausbesserung von Schmalspurlokomotiven hinzuzuziehen sind und in verschiedenen anderen Schreiben von dort wurde gesagt, daß diesen Privatwerken von Karlshorst jeder Schutz zugesprochen wird (soweit sie mit dringenden Reichsbahnaufträgen versehen sind).
Wir haben in einem Bericht gleichen Inhalts, wie den hier vorliegenden über die Reichsbahndirektion Dresden zur Hauptverwaltung der Deutschen Reichsbahndirektion Berlin, mit der Bitte um Weitergabe an Karlshorst.
Die Reichsbahndirektion Dresden Dezernat 61–62 hat daraufhin in einem befürworteten Begleitschreiben mit einem Sonderkurier nach Berlin gesendet, um von dem angebotenen Schutz Gebrauch zu machen.
b) Unterrichtung der Kreisleitung, Herrn Spirra, Dresden, Königsbrükker Str. 11
c) einen Bericht mit entsprechenden Unterlagen an die Landesregierung Sachsen, Amt für Wirtschaft und Wirtschaftsplanung, Außenstelle Dresden, Herrn Sommer, Dresden, Königsbrücker Str.
d) sowie der hier vorliegende Bericht an Ihre Amtstelle z. H. Herrn Ob. Reg. Rat Gottschalk

7) Bisher ausgeführte Produktion
(ein Teil hiervon wurde nach dem 9. Mai 1945 von der FSI geliefert)

a) 27 Reichsbahn Breitspurlokomot. schwerster Schadgruppe
b) 7 Schmalspurlokomotiven schwerster Schadgruppe
c) ca. 1000 Waggons

d) ca. 10 Personenwagen
e) 4 Bahnpostwagen
f) einige Industrie-Breitspur- und Feldbahnlokomotiven

8) Abgeschlossene Verträge

a) Lokomotivreparatur Deutsche Reichsbahn
b) Waggonreparatur Deutsche Reichsbahn
c) für Reichsbahnpostwagen Verträge in Bearbeitung.

Nachdem wir von der Kommandantur Freital Bescheid erhielten, daß der 4te Abbruchbefehl aufgehoben wurde, darf unsere Produktion im vollen Umfang weiter laufen und wir werden alles daran setzen, auch unsere Entwicklung zu fördern. Jedoch ist wie bereits schon erwähnt dies nur möglich, wenn die Landesregierung Sachsen volles Verständnis und Interesse an unserer Aufgabe findet und uns einen Schutz gewährleistet, der nicht nur den Einsatz des sächs. Schmalspurnetzes sichert, sondern auch eine Produktionsstätte fördert, welche als unbedingt lebenswichtig bezeichnet werden muß.

Betriebsrat

z.B.: Die im beigefügten Lageplan gekennzeichnete Halle I ist von Seiten der Deutschen Reichsbahn aus für eine Kesselschmiede vorgesehen worden, da eine solche bei der Reichsbahn den größten Engpaß darstellt.
Zur Charakterisierung dieser Halle sei gesagt, daß auch dieselbe eine Holzdachkonstruktion hat. Die Dachstützen sind ausgebildet als Träger für einen 5 to und einen 15 to Kran.
Die große Halle eignet sich wegen dem in einer Kesselschmiede vorhandenen Lärm ganz ausgezeichnet, außerdem ist Gleisanschluß vorhanden. Herr Hocker von der Deutschen Reichsbahn, Dezernat 61–62, ist stark interessiert daran, das hier Geschilderte zu organisieren.

Dokument 12

Amtsgericht, Freital, 6. Februar 1947

Am 4. Februar 1947 ist die Firma: Mechanische Werkstätten Freital – J. Vogler – in Freital unter Nr. 213 in das Handelsregister, Abteilung A, eingetragen worden:

Ferner ist eingetragen: In Spalte 3: (Inhaber) Ingenieur Kurt Johannes Vogler, Freital

Auf Anordnung.
Stempel, Amtsgericht Freital
gez. Bräuer, Justizsekretärin

Dokument 13

Steueramt Freital, Lohnsteueraußendienst, Freital, 28. Februar 1947

Ergebnis der Lohnsteuerprüfung bei der Firma
Mechanische Werkstätten Freital, – J. Vogler – Freital
Prüfungstag: 27. und 28. Februar 1947
Prüfungszeitraum: 19. August 1946 bis 31. Januar 1947
Arbeitnehmer: 285

Die Prüfung ergab im gesamten Prüfungszeitraum keine Beanstandungen. Lediglich durch ein Mißverständnis zwischen dem Arbeitgeber und dem Steueramt wurden die Überstundenzuschläge und Krankengelderzuschüsse der Lohnsteuer unterworfen, obwohl dieselben steuerfrei sind. Eine Verrechnung dieser zuviel versteuerten Beträge wird im Laufe des Monats März mit der abzuführenden Lohnsteuer vorgenommen. Anschließend sei bemerkt, daß die Lohnkosten sehr sorgfältig und übersichtlich geführt werden, sodaß in dieser Hinsicht ebenfalls nichts zu beanstanden war.

gez. Unterschrift unleserlich, Steuerass.

Dokument 14

Betriebsordnung der Mechanischen Werkstätten Freital, J. Vogler

Dem Betrieb übergeben ....

Für die Mechanischen Werkstätten Freital – J. Vogler –, Hüttenstraße 14, wird mit Wirkung vom 1. Juli 1947 folgende Betriebsordnung festgelegt.

Inhaltsübersicht:

1) Aufgabe des Unternehmens
2) Geschäftsverhältnis
3) Die Arbeitsgemeinschaft
4) Der Betriebsrat
5) Arbeitsverhältnis zwischen Belegschaft und Direktion
6) Einstellung und Kündigung
7) Arbeitszeit
8) Arbeitsentgelt
9) Urlaub
10) Jugend im Betrieb und Verwaltung

11) Nachwuchsschulung
12) Sozialeinrichtungen
13) Strafbestimmungen

1) Aufgabe des Unternehmens

Das Unternehmen hat die Aufgabe, nur solche Produktion zu führen, welche in erster Linie dem Land sowie der Regierung eine wichtigste Unterstützung bedeutet. Alle weiteren Produktionszweige sind nur als Neben- und Ausfüllproduktion, zur Unterstützung der Hauptaufgabe, anzusehen und auszubauen.

Sollte sich dies nicht immer durchführen lassen, sei es aus finanzieller oder sonstiger materieller Hinsicht, so darf das Unternehmen erst dann von der oben genannten Richtlinie abweichen, wenn staatliche oder sonstige Unterstützungen nicht aufzutreiben sind und den geordneten Geschäftsverlauf gefährden. Auch die Ausweichlösung in solchen Fällen darf nur vorübergehend andauern. Die dazu benötigten Geldmittel dürfen keinesfalls ausschlaggebend das Betriebs- oder Anlagekapital beeinflussen.

Dem Schaffenden des Betriebes ist eine Brotstätte zu schaffen, welche ihm seine Arbeit wert macht, sodaß das Unternehmen jederzeit in Achtung vor seiner Belegschaft, in Geschäftskreisen und vor der Regierung bestehen kann.

Das Unternehmen hat die Leistung der Arbeiter und Angestellten zu achten und durch den Ausbau von Sozialeinrichtungen zum Ausdurck zu bringen.

Alles Betriebskapital, Einrichtungsgegenstände, Maschinen, Fahrzeuge und sonstiges Inventar sind Eigentum eines jeden Belegschaftsmitgliedes.

2) Geschäftsverhältnis

Die Mechanischen Werkstätten Freital wurden am 15. August 1946 gegründet und sind im Handelsregister eingetragen.

Als Verantwortlicher des Unternehmens wurde der Ingenieur Johannes Vogler durch Männer einer gebildeten Arbeitsgemeinschaft des Betriebes, welche die Mitverantwortung übernahmen, gewählt und verpflichtet.

Die Pflichten des Herrn Vogler sind, das auf seinen Namen geschriebene Unternehmen als Direktor so zu leiten und auszubauen, daß die durch die Belegschaft gesteckten Ziele gewahrt sind. Er hat außerbetrieblich die Verpflichtung, als alleiniger Privatunternehmer die Geschäfte zu führen. Innerbetrieblich dagegen hat er die Geschäftsstruktur so zu wahren, daß er in allen betriebsentscheidenden Fragen die Arbeitsgemeinschaft und den Betriebsratvorsitzenden zur Entscheidung oder Unterrichtung hinzuzuziehen hat. (siehe auch Sondervereinbarung zwischen Herrn Vogler und Arbeitsgemeinschaft)

Er hat auch weiterhin die Pflicht, den Anspruch auf wirkliches persönliches Eigentum innerbetrieblich nur soweit geltend zu machen, insofern dies durch die Arbeitsgemeinschaft und den Betriebsrat gekennzeichnet und bestätigt wird.

Der Betrieb ist ein ihm anvertrautes Gut, wofür er Sorge zu tragen hat, die Gewinne desselben der Belegschaft und dem Volksganzen zu sichern und sich dafür verantwortlich zu erklären, einen wirtschaftlichen, der Regierung einen nicht belastenden Betrieb zu erhalten sowie jegliche Privatinteressen und kapitalistische Bestrebungen auszuschalten.

Die Rechte des Herrn Vogler sind, den Betrieb auf unbeschränkte Dauer nach seinem Namen zu nennen. Selbst nach seinem Tode oder durch unvorhergesehene Ereignisse ist es nicht statthaft, den Namen des Betriebes zu ändern, solange der Genannte den Betrieb in Ehren leitete.

Das Unternehmen wird auch nach seinem Tode von einem, durch die Arbeitsgemeinschaft gewählten und durch die Mehrzahl der Stimmen des Betriebsrates bestätigten und bewährten Belegschaftsmitgliedes als Direktor geleitet unter den gleichen Rechten und Pflichten wie des Gründers.

Der Direktor des Unternehmens hat nur Anspruch auf Gehalt, wenn nicht ausdrücklich Sondervereinbarungen getroffen werden. Aber keinen Anspruch auf Gewinn.

Dem Direktor des Unternehmens steht im Todesfalle oder durch sonstige Vorkommnisse, welche ihm seine Tätigkeit unmöglich machen, eine zugesicherte Familienunterstützung in halber Höhe seines bisherigen Gehaltes zu, wodurch das Bestreben zur alleinigen Gewinnentnahme unmöglich gemacht wird.

Bei Ausscheiden hat er das Recht, sein gekennzeichnetes Eigentum dem Betrieb zu entnehmen, in seinem Todesfalle steht dieses Recht seinen Erben zu.

In einer von ihm verfassten und durch einen Notar anerkannten Urkunde ist das Besitzverhältnis des Unternehmens nach (s. Punkt 1 der Betriebsordnung) so klarzustellen, daß Erben oder dritte Personen anspruchslos gemacht sind.

Eingebrachte Gelder müssen nach der Jahresbilanz zurückgenommen sein, andernfalls sie unverzinslich im Betrieb verbleiben würden.

Sollten eingebrachte Gelder verzinst werden, so ist zwischen dem Unternehmer, der Arbeitsgemeinschaft und dem Betriebsrat ein Vertrag zu schließen.

Bei Verantwortlichkeiten gegenüber des Namens der Firma sind die nächsten Verwandten des Direktors hinzuzuziehen (Kind, Frau)

Der Direktor hat die Pflicht, einen Vertreter seiner Person so heranzubilden und das Recht, selbst wenn es geschäftlich nicht erforderlich ist, ihn bei entscheidenden Sitzungen hinzuzuziehen, daß bei Ausfall seiner Person, das Unternehmen reibungslos weitergeleitet werden kann.

Dieser Stellvertreter kann erst dann als ein solcher bezeichnet werden, sobald die Arbeitsgemeinschaft und der Betriebsratvorsitzende ihn als solchen anerkennt. Er braucht nicht der Arbeitsgemeinschaft anzugehören und auch nicht bei Neuwahlen des Direktors der Nachfolger sein.

3) Die Arbeitsgemeinschaft

Als verantwortliches Organ des Unternehmens sind die Gewählten einer Arbeitsgemeinschaft zu bezeichnen.

Ihr dürfen nicht weniger als drei Mitglieder und nicht mehr als fünf Mitglieder, einschließlich des Direktors angehören. Die Wahl nehmen jeweils zur gegebenen Zeit nur die Vorarbeiter, Meister, Abteilungsleiter und Ingenieure sowie der Direktor, die Betriebsratsmitglieder und die FDGB-Gruppenleitung vor. Entscheidend ist die Stimmenmehrheit. Wahlgleichberechtigt ist der Betrieb und die Verwaltung. Der Arbeitsgemeinschaft dürfen niemals mehr kaufmännische als technische Kräfte angehören.

Die neuen gewählten Arbeitsgemeinschaftsmitglieder sind schriftlich durch den Direktor als Vorsitzenden der Arbeitsgemeinschaft und den Betriebsratvorsitzenden zu bestätigen und zu verpflichten. Der Arbeitsgemeinschaft können auch Betriebsratsmitglieder angehören, jedoch nicht der Betriebsratsvorsitzende, solange er als ein solcher funktioniert. Weibliche Mitglieder sind gleichberechtigt.

Die Pflichten der Arbeitsgemeinschaft sind, den aus ihrem Kreis stammenden Direktor uneigennützig zu unterstützen und dem Betriebsratvorsitzenden gegenüber Sorge zu tragen, daß allen von ihm gestellten Forderungen nachgekommen wird.

Die Mitglieder der Arbeitsgemeinschaft haben keinen Anspruch auf Sondervergütungen und Sonderrechte, solange dies nicht durch den Betriebsratsvorsitzenden und den Direktor bestätigt wird.

Sie unterliegen nicht der allgemeinen Regelung der Arbeitszeit und des Urlaubsanspruches, haben sich aber dafür mit ihrer ganzen Person für die Interessen des Unternehmens einzusetzen. Desgleichen besteht bei Schädigung des Privatvermögens, hervorgerufen durch Betriebsereignisse, gleiche Entschädigung und Unterstützung ihrer Familien wie die des Direktors zu.

Neugewählte Arbeitsgemeinschaftsmitglieder sind der Betriebsordnung nachzutragen und zu veröffentlichen. Zur Zeit gehören folgende Herren der Arbeitsgemeinschaft an:

Ingenieur Johannes Vogler, Direktor; Guntram Wüstner, Verw.Chef; Walter Linhart, Betriebsleiter; Rudi Heinz, Abt.-Leiter Lohnbb.

Die Arbeitsgemeinschaft hat die Pflicht, bei ihren Besprechungen den Betriebsratsvorsitzenden beiwohnen zu lassen oder beschlossene fertige Resultate für seine Stellungnahme bereitzuhalten.

4) Der Betriebsrat

Der gewählte Betriebsratsvorsitzende hat die Aufgabe, die Interessen der Belegschaft so zu vertreten, daß die in vorgenannten Absätzen bezeichneten Aufgaben, Pflichten und Rechte der betriebsleitenden Kräfte gewahrt sind.

Er entscheidet betriebliche Streitfragen nur im Interesse des Unternehmens nach seinen ihm gegebenen politischen Grundsätzen. Desgleichen hat er unter Wahrung der demokratischen Grundsätze die Firma außerbetrieblich zu vertreten.

Beschwerden oder Belange, welche außerbetrieblich nicht über den Betriebsratsvorsitzenden gehen, sind eine grobe Verletzung dieser Betriebsordnung.

Ihm ist nicht möglich, außerbetriebliche Entscheidungen zu treffen, solange er sich nicht bei Spezialkräften des Unternehmens eingehend unterrichten ließ (dies kann durch Neuwahl von Betriebsräten äußerst wichtig sein).

Im übrigen gelten nachfolgende am 30.10.1946 bereits unterzeichnete Vereinbarungen zwischen der Direktion und dem Betriebsrat als gegenseitige Verpflichtungen, wobei anstelle des in der Vereinbarung bezeichneten Inhabers der jeweilige Direktor gemeint ist.

5) Arbeitsverhältnis zwischen Belegschaft und Direktion

Alle Schaffenden des Unternehmens vom Lehrling bis zum Direktor sind als Gleichberechtigte zu betrachten. Jedes Belegschaftsmitglied hat das Recht, bei der Direktion um Unterrichtung von Betriebsvorkommnissen vorzusprechen.

Alle Forderungen der Belegschaft gehen an die Direktion und werden im Falle der Ablehnung durch den Betriebsratsvorsitzenden entschieden.

Die Direktion fordert von der Belegschaft gewissenhafte Qualitätsarbeit, wirtschaftlichsten Verbrauch von Magazinstoffen, Beachtung der Unfallvorschriften, korrekte und sparsamste Verwaltungsarbeit.

Aller im Betrieb Schaffende hat die Arbeit seiner Kollegen zu achten und bei Anordnungen seiner Vorgesetzten jederzeit sich für das Wohl seines Unternehmens einzusetzen.

Der Respekt unter den Kollegen, soweit diese in Ehren für die Firma arbeiten, ist Voraussetzung.

Die Belegschaft verlangt von der Direktion und den leitenden Kräften des Unternehmens, daß diese die Geschäfte uneigennützig zum Ansehen in der Wirtschaft führen.

6) Einstellung und Kündigung

Jeder Bewerber, welcher als Belegschaftsmitglied aufgenommen werden möchte, hat eine Probezeit abzusolvieren.

Die Probezeit beträgt bei Angestellten 2 Monate, bei jedem anderen Betriebsangehörigen 4 Arbeitswochen.

Dem Arbeitgeber wird hier das Recht eingeräumt, im ungeeigneten Falle die sofortige Entlassung aussprechen zu können.

Belegschaftsmitglied ist, wer seine Arbeitspapiere und die Formalitäten der Annahme abgegeben hat bzw. erledigt hat und einer Arbeit zugeteilt wurde.

Der Einzustellende hat die Pflicht, nach seinem zu erwartenden Lohn oder Gehalt sich zu erkundigen. Jede einzustellende Person ist verpflichtet gesundheitliche Schäden oder Familiäre- Vermögens- und Erbsonderheiten bei der Einstellung dem Betriebsratsvorsitzenden zu unterbreiten.

Kündigen kann jedes Belegschaftsmitglied unter Einhaltung von 24 Stunden Kündigungsfrist. Bei Angestellten beträgt die Kündigung einen Monat. Bei Meistern, Abteilungsleitern, Ingenieuren und aufwärts 2 Monate. Die gleiche Zeit hat der Arbeitgeber gegenüber dem Arbeitnehmer einzuhalten.

Die Kündigungstage sind der Ultimo bis zum Dritten eines jeden Monats. Später eingehende Kündigungen verschieben die Entlassung um einen weiteren Monat.

Fristlose Entlassungen werden ausgesprochen durch den Direktor nach Betriebsratsbeschluß.

Gründe für die fristlose Entlassung können sein:

a) Unfähigkeiten in der Probezeit
b) Abgabe falscher Angaben bei der Einstellung
c) bei böswilliger Nichtbeachtung der Unfall- und Feuerverhütungsvorschriften und Beseitigung oder Veränderung der Sicherheitseinrichtung.
d) bei mißbräuchlicher oder trügerischer Benutzung oder Beschädigung von Kontrolleinrichtungen (Stechuhr)
e) bei Tätlichkeiten gegen Arbeitskollegen
f) bei unentschuldigtem Fernbleiben von mehr als 2 Tagen
g) bei ehrlosem und gemeingefährlichem Verhalten, insbesondere bei ausgesprochenem unkameradschaftlichen Verhalten gegenüber anderen Kollegen.
h) bei Verstößen gegen die Betriebsordnung, insbesondere bei schwerwiegenden Fällen, wobei Schädigungen an Werten oder am Ansehen des Unternehmens oder anderer Belegschaftsmitglieder hervorgerufen werden.
i) bei Verbreitung falscher betrieblicher Angaben sowie Weiterleitung von Patenten oder Betriebsgeheimnissen an Dritte oder Konkurrenzunternehmen.
k) bei größeren Diebstählen

Die Papiere oder Lohn- und Gehaltsreste werden am Tage der Ausscheidung ausgehändigt.

Müssen Arbeitskräfte wegen Arbeitsmangel entlassen werden, so sind diese möglichst bei Wiedereinstellung zu bevorzugen.

Am Tage der Entlassung sind sämtliche geliehenen Sachen des Unternehmens (Kleider, Bücher der Werksbücherei, Werkzeuge) abzugeben.

7) Arbeitszeit

Die vom Betriebsrat und dem Direktor festgelegte Arbeitszeit ist den zeitlichen Verhältnissen sowie den betrieblichen Voraussetzungen angepaßt.

Die Arbeitszeit beträgt grundsätzlich 48 Stunden pro Woche.

Grundlegend für die Festsetzung der Arbeitszeit sind die tariflichen Verordnungen.

Auf nicht geleistete Arbeitsstunden besteht keinerlei Arbeitsentgeltanspruch.

Arbeitszeitversäumnisse durch ungünstige Fahrverhältnisse sind mit dem Betriebsrat und der Betriebsleitung grundsätzlich zu ordnen.

Bezahlung der vollen Stunde kann erfolgen, solange täglich Pünktlichkeit im Arbeitsbeginn und Arbeitsschluß nachzuweisen ist.

8) Arbeitsentgelt

Jedes Belegschaftsmitglied hat auf Bezahlung Anspruch, d.h. auf die tatsächlich geleistete Arbeit bzw. Arbeitszeit. Es erhält für seine Arbeit oder Arbeitszeit das aus der Tarifordnung sich ergebende Gehalt, Lohn, bzw. Akkordlohn, soweit nicht Sondervereinbarungen durch den Arbeitgeber oder die Betriebsverhältnisse andere Voraussetzungen fordert. Dies ist in jedem Falle aber dem FDGB zu unterbreiten.

Die Entlöhnung erfolgt jeweils nach den, durch den Betriebsrat festgelegten Zeitabschnitten. Die Frauen und Jugendlichen sind bezüglich der Löhnung den Männern gleichgestellt.

Leichtfertige Arbeit, welche durch Verantwortungslosigkeit oder Gleichgültigkeit zum Ausschuß führt, wird nicht bezahlt.

Die Entscheidung hierüber trifft der Betriebsrat.

Sondervereinbarungen durch Ausfall von Strom oder allzugroßer Kälte usw., sind nach Bestimmungen des FDGB zu behandeln.

Angestrebt wird auf jeden Fall, soweit der Betrieb dafür in der Lage ist, Ausfälle, welche durch Nichtverschulden des Schaffenden eintreten, zu bezahlen.

Versäumte Arbeitszeit wird bezahlt in folgenden Fällen (s. Punkt 12 der Betriebsordnung).

Gehalts- und Lohnreste, welche binnen 6 Monaten nicht abgeholt werden, verfallen zugunsten der vom Betriebsratsvorsitzenden verwalteten Sozialkasse.

Abzüge erfolgen nach gesetzlichen Richtlinien und sind durch Gehalts- oder Lohnstreifen nachzuweisen.

Gehälter und Löhne sind nach Empfang sofort zu überprüfen. Spätere Reklamationen sind unwirksam.

Sollte der Betrieb die Lohn- oder Gehaltszahlung nicht pünktlich einhalten können, so kann der Belegschaft, wenn erforderlich, ein Abschlag gezahlt werden.

9) Urlaub

Für den Urlaub gelten die tariflichen Bestimmungen. Auf Betriebsratsbeschluß jedoch ist es möglich, jedem im Werk Beschäftigten, 12 Arbeitstage bezahlten Urlaub zu bewilligen.

Jedoch ist der Urlaub der höheren Angestellten auf 12 Tage zu reduzieren.

Unbezahlten Urlaub von	1 Tag	kann der Meister
bis	3 Tage	der Betriebsleiter
über	3 Tage	die Direktion

genehmigen.

Jedes Belegschaftsmitglied erhält

1 Tag	Urlaub bei eigener Hochzeit (auch Silberhochzeit)
1 Tag	bei Todesfall eines Familienangehörigen
1 Tag	bei Geburt eines Kindes
1 Tag	im Betriebsjubiläumsfalle von 10 zu 10 Jahren

10) Jugend im Betrieb und Verwaltung

Kinder der hier beschäftigten Belegschaftsmitglieder können bevorzugt eingestellt werden.

Den Jugendlichen steht volles Recht auf Einhaltung der Jugendschutzgesetze zu.

Dem Jugendlichen ist der Arbeitsplatz so zu gestalten, daß er durch Anregung bei der Arbeit Interesse zur Weiterbildung findet. Der Jugendliche darf keinesfalls als Ausbeuteobjekt Verwendung finden.

Mißstände im Arbeitsverhältnis zwischen Unternehmer und den Jugendlichen sind sofort über den Betriebsrat mit dem gesetzlichen Vertreter des Jugendlichen zu klären.

Dem Jugendlichen ist Zeit zu gewähren, für sein außerbetriebliches Vorwärtskommen.

Ihm ist zugleich zu unterbreiten, welche beruflichen Aussichten sich ihm bieten, soweit er begabt und willig ist.

Die Jugendlichen in der Verwaltung sind denen des Betriebes gleichzustellen und sind durch gemeinsame Veranstaltungen und Schulungen sich näher zu führen.

11) Nachwuchsschulung

Das Unternehmen ist bestrebt aus seiner Belegschaft die führenden Posten zu besetzen. Es ist damit Jedem die Möglichkeit geboten, sich so zu entwikkeln, daß er in gehobene Position eingereiht werden kann. Den strebsamen Belegschaftsmitgliedern ist die Möglichkeit zur Weiterbildung betrieblicherseits unbedingt einzuräumen.

Zuschüsse für Studien können gewährt werden, soweit es sich um überbegabte Kräfte handelt, welche durch ihr berufliches Vorwärtsstreben in Bedrängnis kommen.

Volonteure bilden einen Ausnahmezustand, da es fraglich ist, auf Grund der bevorstehenden langen Studienjahre, sie in jedem Falle als volle Belegschaftsmitglieder anzuerkennen.

Unterstützungssuchende Belegschaftsmitglieder, welche sich weiterbilden wollen, müssen dies durch ein schriftliches Gesuch an den Betriebsrat bekanntgeben, welcher nicht ohne Stellungnahme des Betriebsdirektors dieses ablehnen oder befürworten darf.

12) Sozialeinrichtungen

Der Ausbau von vorbildlichen Sozialeinreichtungen ist mit Hauptaufgabe des Unternehmens und stellt den höheren Sinn der Arbeit dar.

Der Ausbau einer Sozialkasse ist so zu entwickeln, daß jedes unverschuldet in Not geratene Belegschaftsmitglied seine erste Unterstützung durch diese Kasse gesichert weiß und sich dadurch jederzeit in einer wirtschaftlich gesicherten Lage fühlen kann.

Befürwortungen zur Auszahlung von Beträgen aus dieser Kasse sind nur durch Betriebsratsbeschluß möglich. Vorschüsse für sonstige familiäre Ereignisse, Konfirmation usw. können ebenfalls aus der Sozialkasse getätigt werden.

Bezahlt wird jedem Belegschaftsmitglied:

1 Hochzeitstag

1 Silberhochzeitstag

1 Tag beim Tod von Kindern, sofern sie in häuslicher Gemeinschaft leben und das 18. Lebensjahr nicht erreicht haben.
Beim Todesfall eines verheirateten Belegschaftsmitglieds wird der Lohn oder Gehalt auf 4 Wochen oder 1 Monat weitergezahlt. (Der Betrag ist an die Ehefrau, Ehegatten oder den gesetzlichen Vertreter der minderjährigen Kinder auszuhändigen.)
Der oder die Ledige steht dem Verheirateten gleich, sobald diese alleinige Ernährer der Eltern oder sonstigen Angehörigen sind

1 Tag bei Niederkunft der Frau.
Zahlung einer Jubiläumsprämie von zehn zu zehn Jahren, ein Zuschuß bei der Entlassung eigener Kinder.

Bei Niederkunft eines weiblichen Belegschaftsmitgliedes werden die gesetzlichen Sozialbestimmungen in den Höchststufen eingehalten.
Schwer erkrankte und ausgesteuerte Belegschaftsmitglieder, welche sich innerhalb von 5 Jahren vorzüglich bewährt haben, kann auf ein halbes Jahr eine Unterstützung gewährt werden, welche es ermöglicht, den notwendigsten Lebensunterhalt zu bestreiten. Der Unterhaltungsbeitrag darf nicht mehr als 50% des bisherigen Krankengeldes betragen.
Belegschaftsmitglieder, welche durch Betriebsunfälle oder Ganzinvalidität arbeitsunfähig werden, zählen auf weitere 5 Jahre in sozialer Hinsicht und sozialbetrieblicher Betreuung als Belegschaftsmitglieder.
Den dadurch in Not geratenen Angehörigen ist eine Unterstützungsmöglichkeit auf die Dauer von einem Jahr, gemäß der Größe ihrer Familie und deren wirtschaftlicher Lage zu gewähren. Diese Unterstützung kann nur auf Antrag und Betriebsratsbeschluß gewährt werden.

Aus dem Gewinn des Unternehmens erhält jedes Belegschaftsmitglied, welches mehr als 5 Jahre in der MWF beschäftigt ist, nach erreichtem 60ten Lebensjahr einen Prämienbetrag von RM 1000,– ausgezahlt. Dieser Betrag verzinst sich nicht, wenn er nicht angehoben wird.

Weibliche Belegschaftsmitglieder erhalten nach 5 Jahren, nach erreichtem 55ten Lebensjahr, den gleichen Betrag. Nach Ableben des Belegschaftsmitgliedes wird dieser Betrag, soweit die Voraussetzungen vorhanden sind, den Angehörigen ausgezahlt.

Belegschaftsmitglieder, welche bereits das 60. Lebensjahr, bei weiblichen das 55. Lebensjahr erreicht haben, können erst nach Ablauf der schon genannten 5 Jahre, vom Tage der Betriebsordnungsveröffentlichung, in den Genuß dieses Betrages kommen.

Einen Anspruch auf diesen Betrag haben nur solche Kollegen oder Kolleginnen, welche während ihrer gesamten Betriebszugehörigkeit sich keinerlei strafbare Handlungen haben zukommen lassen.

Scheidet ein Belegschaftsmitglied früher aus, hat es keinerlei Anspruch auf Prämie.

Im Falle, daß durch Betriebsunfall ausscheidende Belegschaftsmitglieder 5jährige Betriebszugehörigkeit nicht erreichen können, wird der Betrag nach 2½ Jahren um die Hälfte reduziert ausgezahlt.

Die RM 1000,– können nicht ausgezahlt werden an solche Personen, welche vor dem erreichten 60. bzw. 55. Lebensjahr ausscheiden. Auch dieser Betrag fließt der Sozialkasse zu.

Weibliche Angehörige, welche nach 5jähriger Betriebszugehörigkeit vor dem 55. Lebensjahr ausscheiden, erhalten am Tage der Hochzeit als Hochzeitszuschuß die Hälfte des Betrages.

Die 5jährige Betriebszugehörigkeit wird gerechnet vom Tage des Eintrittes in die Firma, nicht mitgezählt werden Lehr-, Anlern- und Volonteur- und Studienjahre.

Der Betrag wird nicht ausgezahlt, wenn damit das Gesamtwohl des Unternehmens und die Interessen der Arbeiterschaft gefährdet sind. Jedoch ist die Verpflichtung aufrecht zu erhalten [und] in einem Prozentsatz, entsprechend der Belegschaftsstärke zum Betriebskapital am Tage der Betriebsordnungsveröffentlichung, als Grundsatz festzulegen.

Alle nicht ausgezahlten Beträge übernimmt die Sozialkasse. Diese Gelder kommen später zum Ausbau sowie Neubau von Betriebswohnungen zur Verwendung.

Der Aufbau und die Erhaltung eines Ferienheimes ist hierdurch zu bestreiten.

Sämtliche weiteren frei zur Verfügung stehenden Gewinne sind zur Lohnzahlung in den Höchststufen der gegebenen Tarife anzustreben.

Bei Wanderungen von Betriebsgruppen besteht für den Betrieb die Verpflichtung, einen Zuschuß zu gewähren.

Der Ausbau der Werksküche und sonstigen hygienischen und sanitären Einrichtungen sind eine grundlegende Selbstverständlichkeit.

13) Strafbestimmungen

Grundsätzlich sind Strafen erst dann anzuwenden, wenn von Seiten des Betriebsrates einwandfrei festgestellt wird, daß die Handlungen willkürlicher Art sind und nicht aus notbedingtem Charakter sich entwickelten.

Als Strafe ist anzusehen:

Abziehungen vom Lohn für entstandene Schäden aus Pflicht- oder Gewissenlosigkeit oder Leichtfertigkeit, desgleichen auch bei aus diesen Gründen entstandenem Ausschuß.
Enthaltung Sozialer Einrichtungen.
Bekanntmachung der zu betreffenden Person am schwarzen Brett sowie namentliche Nennung bei Betriebsversammlungen.
Fristlose Entlassung.
Meldung an die Polizeibehörde.

Dokument 15

– Bestätige –
Militär-Kommandant der Stadt und des Kreises Dresden,
Garde-Oberst/Unterschrift/Bortaikow, 23. Dezember 1947

Akte – 23. Dezember 1947
Die Unterzeichneten als Vertreter des Kommandanten der Stadt und des Kreises Dresden: Ingenieur-Kapitän Wichodzow – Chef der Industrieabteilung und Garde-Kapitän Drokonaow E. N. – Offizier für militärische Angelegenheiten – einerseits und die Vertreter der Stadtverwaltung/Bürgermeister/der Stadt Freital

Herr Wenk, Karl, Oberbürgermeister
Herr Lewinsohn, Erich, Stadtrat

andererseits, haben diese Akte darüber abgefaßt, daß lt. des technischen Beschlusses der Verwaltung für Wirtschaftsentwaffnung Deutschlands vom 30. April 1947 das Unternehmen (Objekt Nr. 4051 – Geschoßfabrik Freital-Stahl-Industrie in Freital, Hüttenstr. 14, und zwar folgende Gebäude und Baulichkeiten, die am Platz lt. Beschluß verbleiben und mit folgenden HN nach dem General-Lageplan bezeichnet sind: 1, 3, 4, 6, 7, 8, 9, 15, 16, 18 und 19 – zusammen 11 Einheiten, im globalen Umfange von 165860 cbm mit einer Gesamtfläche von 21820 qm und das gesamte Gelände des Werkes werden der Landesregierung Sachsen zum Zwecke der Entwicklung einer weiteren Friedensproduktion übergeben.
Darüber ist diese Akte abgefaßt.

Die Übergabe vollzogen:
Vertreter der Militärkommandantur der Stadt und des Kreises Dresden,
Ing.-Kapitän, Unterschrift, Wichodzew
Garde-Kapitän, Unterschrift, Drokanow

Die Übernahme vollzogen:
Vertreter der Stadtverwaltung der Stadt Freital,
Unterschrift, Wenk,
Unterschrift, Lewinsohn.

Dokument 16

Richtlinien zur Währungsreform.

Privatgelder pro Kopf RM 70,– 1 : 1
umzutauschen bei den vorgeschriebenen Stellen am 24.6.1948

darüber hinaus bis zu RM 5000,– 1 : 10
darüber hinaus muß Nachweis erbracht werden.

Guthaben aus laufenden Konten

bis	RM	100,–	1 : 1
bis	RM	1000,–	1 : 5
bis	RM	3000,–	1 : 10
über	RM	3000,–	Nachweis erbringen,

ob die Sperrguthaben inbegriffen sind, bedarf noch einer Klärung.

Versicherungspolicen: werden anerkannt im Verhältnis 1 : 3

Staatsanleihen: gelten voll, also 1 : 1

Geschäftsgelder: Löhne werden im Verhältnis 1 : 1 eingetauscht für 1 oder 2 Wochen Gehälter werden im Verhältnis 1 : 1 eingetauscht für 1 Monat.

Gewerbliche Unternehmen: Der Umsatz eines Gewerbes von 2 Wochen oder 2 Monaten (?) wird im Verhältnis 1 : 1 umgetauscht. Es ist noch nicht geklärt, welche Monate zur Durchschnittserrechnung des Umsatzes herangezogen werden. Der Rest wird 1 : 10 eingetauscht.

Das alte Geld gilt bis zum 26.6.1948 und ist vom 24.–26.6.1948 im Verhältnis 1 : 10 in Empfang zu nehmen bzw. auszuzahlen.
Sämtl. altes Geld muß bis zum 28.6.1948 abgeliefert sein.
Hartgeld bleibt 1 : 1

Freital, 23.6.1948

Dokument 17

Betriebsvertrag

des VEB „LOWA" Mechanische Werkstätten Freital

Die Fa. LOWA Mechanische Werkstätten Freital ist als volkseigener Betrieb gemeinsamer Besitz des gesamten werktätigen Volkes. Mit ihren Abteilungen Waggon-Reparatur, Lok.-Reparatur und Mechanische Bearbeitung ist sie von großer Bedeutung für den Aufbau unserer antifaschistischen demokratischen Wirtschaft. Daraus ergeben sich für die Werksleitung und Belegschaft Verpflichtungen, die nur in beiderseitiger engster Zusammenarbeit erfüllt werden können. Werksleitung und Belegschaft haben die gleichen Interessen und das gleiche Ziel.

Die Bedeutung unseres Betriebes einerseits, und die gleichen Interessen und Ziele andererseits sind Richtschnur und bestimmend für die Tätigkeit der Werksleitung und Belegschaft.

Erster Grundsatz muß die Erfüllung des Zweijahresplanes sein, d.h. daß alle Arbeiten und Bestrebungen und die damit zusammenhängenden Anweisungen der Erreichung dieses Zieles zu dienen haben.

Um diesem Ziel dienen zu können ist es jedoch erforderlich, daß die Rechte und Pflichten der Werksleitung und Belegschaft, und die Aufgaben- und Verantwortungsgebiete genau abgegrenzt und festgelegt werden. Zu diesem Zweck wird nachfolgender Betriebsvertrag abgeschlossen:

I. Erhöhung der Produktionssteigerung, der Arbeitsproduktivität, Verbesserung der Qualität, Senkung der Selbstkosten.

A) Produktion.

Die Werksleitung verpflichtet sich, alle Maßnahmen zu treffen, um die fristgemäße Erfüllung des Zweijahresplanes zu gewährleisten. Sie verpflichtet sich darüber hinaus alles zu tun, um evtl. das gesteckte Ziel vorfristig zu erfüllen.

Die Belegschaft verpflichtet sich ihrerseits, alle Bemühungen der Werksleitung, die der Erreichung des gesteckten Zieles dienen, zu unterstützen und das festgelegte Plansoll 100%ig zu erfüllen. Die laufende Qualitätsverbesserung darf dabei nicht außer Acht gelassen werden.

Eine Nichterfüllung der beiderseits übernommenen Pflichten kann nur dann als begründet anerkannt werden, wenn Auftragsmangel, höhere Gewalt oder sonstige Sonderheiten ohne Verschulden der Werksleitung und Belegschaft die gesteckten Ziele maßgeblich beeinflussen. Diese Begründung muß außerbetrieblicher Feststellung standhalten.

Die Planausschüsse der einzelnen Abteilungen haben der BGL und SED.-Betriebsgruppe quartalsweise Bericht über den Ablauf der Produktion und die Erfüllung der entsprechenden Planzahlen zu erstatten.

Stellen die Planungsausschüsse Verzögerungen in der Planerfüllung fest, so sind sie verpflichetet, genaue Untersuchungen anzustellen, und der Belegschaft zu berichten. Werksleitung und Belegschaft haben alsdann die Pflicht, gemeinsam mit den techn. Aktivs sowie den demokratischen Organisationen des Betriebes über die getroffenen Feststellungen der Planungsausschüsse zu diskutieren und die Maßnahmen zu ergreifen, welche erforderlich sind, die Erreichung der gesteckten Ziele zu sichern. Die Belegschaft verpflichtet sich, die angeordneten Maßnahmen zur Anwendung zu bringen.

Unabhängig hiervon haben laufende Produktionsberatungen zwischen der Werksleitung und den Planungsausschüssen stattzufinden. Die Einberufung zu diesen Produktionsberatungen hat im Einvernehmen mit der Werksleitung durch die Planungsausschüsse zu erfolgen.

B) Arbeitsproduktivität

Werksleitung und Belegschaft verpflichten sich, die Arbeitsproduktivität zu steigern. Folgende Maßnahmen werden deshalb als gegenseitig bindend festgelegt:

1) Arbeitsnormen.

Die Werksleitung und die Belegschaft verpflichten sich, dafür einzustehen, daß die Anzahl der im Leistungslohn Beschäftigten mindestens 75% beträgt. Bei der Errechnung des Prozentsatzes werden Angestellte und Lehrlinge von der Gesamtzahl der Belegschaft vorher abgesetzt.

2) Arbeitsvorbereitung.

Um das unter 1 gesteckte Ziel zu erreichen, gegebenenfalls zu überschreiten, verpflichten sich Werksleitung und Belegschaft, den Ausbau des Arbeitsbüros in jeder Weise zu unterstützen. Das Arbeitsbüro hat sich nach den TAN auszurichten. Der Gesamtausbau der Arbeitsvorbereitung muß so gestaltet werden, daß auf Grund der durch die Arbeitsvorbereitung erstellten Unterlagen jederzeit die Möglichkeit besteht, die Produktion zu steuern und Fehlerquellen rechtzeitig festzustellen.

3) Verbesserungsvorschläge

Die Werksleitung verpflichtet sich, eingereichte Verbesserungsvorschläge schnellstens auszuwerten. Die sich aus der Auswertung evtl. ergebenden Vorteile sollen der Belegschaft durch Verbesserung des Betriebs- und Arbeitsablaufes zugute kommen und gleichzeitig als Grundlage zur Erhöhung der techn. begründeten Arbeitsnormen dienen.

4) Qualitätserhöhung.

Die Werksleitung verpflichtet sich, entsprechend der ihr zur Verfügung stehenden Mittel, insbesondere der Investitionen, die Voraussetzungen für die Erhöhung der Qualität der Erzeugnisse zu schaffen.

Die Belegschaft verpflichtet sich ihrerseits, durch saubere Arbeit und kameradschaftliche Zusammenarbeit mit den Kollegen der Abteilung Kontrolle zur Erhöhung der Qualität beizutragen.

5) Selbstkostensenkung.

Die Sachbearbeiter der Arbeitsvorbereitung, der Betriebsstatistik und der Betriebswirtschaftsstelle sind verpflichtet, die Voraussetzung für die Senkung der Selbstkosten zu entwickeln, d.h. durch Schaffung von einwandfreien Unterlagen auch jederzeit die Möglichkeit zur Überprüfung zu gewährleisten.

II. Arbeitszeit und Lohnfragen.

A) Arbeitszeit.

Die Arbeitszeit ist die gesetzlich und tarifmäßig festgelegte. Sofern die Werksleitung veranlaßt ist, die Arbeitszeit aus besonderen Gründen, z.B. Einhaltung der Stromkontingente und anderen gesetzmäßigen Anordnungen, zu verlegen, verpflichtet sich die Belegschaft, die dadurch bedingte Arbeitszeit anzuerkennen und zu leisten.

B) Lohnfragen.

Zur Erreichung einheitlicher Bearbeitung der gesamten Lohnfragen bleibt die bisher bestandene Lohnkommission auch in Zukunft bestehen. Die Werksleitung verpflichtet sich, alle die Lohnfrage betreffenden Angelegenheiten mit der Lohnkommission zu bearbeiten und zu besprechen und erst dann ihre endgültigen Entscheidungen zu treffen.

Die Belegschaft verpflichtet sich ihrerseits ebenfalls, alle Lohnfragen der Lohnkommission zu unterbreiten. Sie ist nicht berechtigt, bei Meinungsverschiedenheiten ohne vorherige Durchsprechung der Angelegenheit diesen Fragenkomplex außerhalb des Betriebes zu tragen.

C) Prämierung.

Die Werksleitung verpflichtet sich, für die in den einzelnen Abteilungen nur periodisch vorkommenden oder einzeln auftretenden Arbeiten, welche unter besonders schwierigen Bedingungen zu leisten sind, Prämien zur Verfügung zu stellen. Sie geht dabei von dem Gedanken aus, daß diese Art Arbeiten in den Lohngruppen nicht berücksichtigt werden können. (Als Beispiel seien folgende Arbeiten angeführt: Säubern von Schwefelsäurebehältern, Säubern von teilweise mit Teer gefüllten Kesseln usw.)

Die Feststellung, welche Arbeit in diesem Sinne prämienberechtigt ist, wird gemeinsam von der Werksleitung, der Lohnkommission und dem Arbeitsvorbereitungsbüro getroffen. Die Errechnung der Prämie geschieht in der Weise, daß die geleisteten Stunden doppelt bezahlt werden. Dabei ist für die Errechnung der Prämie mindestens der Einstufungslohn der entsprechenden Lohngruppe in Ansatz zu bringen.

Ausgehend von dem Bestreben, auch denjenigen Belegschaftsmitgliedern, welche im Rahmen ihrer Aufgabengebiete zur Erfüllung des Zweijahresplanes mit beitragen oder Sonderleistungen erfüllen, die ebenfalls im Leistungslohn nicht erfaßt werden können (z.B. Reparaturschlosser, Rangierer usw.), die berechtigten Ansprüche zuteil werden zu lassen, verpflichtet sich die Werksleitung, monatlich zusätzlich einen Betrag bis zu DM 350,– für Einzel- und Gruppenleistungsprämien zur Verfügung zu stellen.

Die Entscheidung über die Verteilung wird ebenfalls in die Hände der Werksleitung, Lohnkommission und des Arbeitsbüros gelegt.

D) Erhöhung des Lebensstandards und des kulturellen Lebens.

Zur weiteren Erhöhung des allgemeinen Lebensstandards der Belegschaft wird ein besonderer Fonds geschaffen. Die Mittel hierfür werden zur Verfügung gestellt,

a) aus dem Fonds für Verbesserungen und Erfinderwesen.
b) aud dem Fonds zur Erhöhung des Lebensstandards.

Aus dem Fonds a) sind diejenigen Ausgaben zu decken, welche für besondere Leistungen, die nicht unter C fallen, ausgeworfen werden, z.B. Planübererfüllung durch neue Arbeitsmethoden.

Die für den Fonds b) zur Verfügung gestellten Mittel gliedern sich wie folgt:

1)	Bibliothek	1,3%
2)	Aktivistenförderung	9,8%
3)	Schulung	21,9%
4a)	Heimunterhaltung und Anschaffung für Klubheim z.B. Anschaffung von Stühlen und Tischen, Einrichtung von Kinderbelustigungen, Rollos für Kino	12,4%
4b)	Kauf von Sträuchern und Bäumen für Werks- und Klubheimgelände	3,2%
4c)	Instandhaltung von Küche	7,7%
5a)	Einbau einer Brauseanlage, Frauengarderobe	5,5%
5b)	Fertigstellung des Bestrahlungszimmers und Instandhaltung Speiseraum, Warmwasseranlage	8,2%
6)	Sport- und Kulturgruppe, inbegriffen sind Mittel von Sport- und Spielgeräten	12,0%
7)	Arztkosten für Untersuchungen	2,2%
	Berufsschule, für Lehrmittel	3,2%
	Ferienplätze für verdiente Koll.	7,1%
	Warmwasseranlage für Lok.-Schlosser	5,5%
	zus.	100,0%

Die unter den einzelnen Ziffern aufgeführten % dürfen jedoch in den drei Quartalen des Jahres im Höchstfalle nur mit 75% in Anspruch genommen werden. Diese Bedingung ist bindende Vorschrift, damit einerseits im Laufe des Jahres Überschreitungen nicht vorkommen können und andererseits die Sicherheit für die zu erwartenden Ausgaben des 4. Quartales gewährleistet ist.

Die Festlegung der Mittel für die einzelnen Positionen kann nur prozentual erfolgen, da die Anweisungen über die Bildung der Fonds noch nicht genau vorliegen, und der geldliche Betrag Schwankungen unterworfen sein kann.

Die Festlegung der Prozente erfolgte auf Grund gemeinsamer Besprechung zwischen Werksleitung und BGL.

Zu Punkt 6, kulturelles Leben wird ausdrücklich bestimmt, daß der unter dieser Position zur Verfügung gestellte Prozentsatz in erster Linie den aktivsten Gruppen und Sparten zufließen soll. Dabei dürfen allerdings die in den einzelnen Gruppen, infolge ihrer Eigenart zwangsläufig verschieden anfallenden Unkosten nicht unberücksichtigt bleiben.

Über die Verteilung dieser monatlich zur Verfügung stehenden Mittel entscheiden gemeinsam die Werksleitung, der Kulturwart BGL, Kulturwart SED.-Betriebsgruppe und der Vorsitzende der Kultur- und Sportgruppe.

III. Lehrlingsausbildung, Qualifizierung der Arbeitskräfte, Schulungsarbeit.

1) Lehrlingsausbildung und Fortbildung.

Werksleitung und Belegschaft verpflichten sich, um die Heranbildung eines guten Facharbeiternachwuchses zu sichern, auch im Jahre 1950 35 Lehrlinge neu einzustellen. Die Ausbildung erfolgt nach den für die Metallindustrie gültigen Vorschriften und Berufsbildern.

Die Werksleitung betrachtet es als ihre Aufgabe, an den Zwischenprüfungen der Lehrlinge teilzunehmen, um den Grad der erreichten Ausbildung selbst überprüfen und gegebenenfalls die weiteren erforderlichen Maßnahmen veranlassen zu können.

Lehrlinge, die durch besondere Qualifizierung hervorragen, werden von der Werksleitung vorfristig zur Abschlußprüfung vorgeschlagen und nach deren Bestehen in die Produktion an geeigneter Stelle eingesetzt. Im Rahmen dieser Verpflichtung wird die Werksleitung alles tun, um die Unterbringung der neuen Lehrlinge zu sichern. Sie wird mit aller Kraft versuchen, die erforderliche Lehrwerkstätte zu schaffen. Die Unterbringung soll in erster Linie in den hierfür geeigneten Räumen des Verwaltungsgebäudes vorangetrieben werden, d.h. die Werksleitung verpflichtet sich, alles zu tun, um die bisher an Betriebsfremde vermieteten Räume, soweit erforderlich, frei zu bekommen, instandzusetzen und so eine neue Lehrwerkstatt zu errichten.

Über den Rahmen der Lehrlingsausbildung hinaus verpflichtet sich die Werksleitung, die Fortbildung qualifizierter junger Facharbeiter in jeder Weise im Rahmen der zur Verfügung stehenden Mittel zu unterstützen.

Sie verpflichtet sich weiter, ungelernte Arbeitskräfte auf deren Wunsch und die Eignung vorausgesetzt, durch Umschulung zu Facharbeitern heranzubilden.

2) Betriebsberufsschule.

Die Werksleitung verpflichtet sich, auch nach Neueinstellung der für 1950 vorgesehenen Lehrlinge den einwandfreien Ablauf in der Betriebsberufsschule zu sichern, d.h. sie wird im Zusammenhang mit der Verbesserung bzw. der Neueinrichtung der Lehrwerkstatt einen zusätzlichen zweiten Schulraum schaffen.

Welche Mittel für diese Aufgabe und die Beschaffung von Lehrmitteln für die Betriebsberufsschule zur Verfügung stehen, ist z.Zt. noch nicht bekannt. Nach Klärung der Frage werden die dann zur Verfügung stehenden Mittel für die Betriebsberufsschule restlos zur Verfügung gestellt und können monatlich mit 1/12 verbraucht werden. Ungeachtet dessen werden der Berufsschule monatlich DM 50,– gestellt.

IV. Arbeitsschutz- und soziale Einrichtungen

Die bisher bereits bestehende Arbeitsschutzkommission sowie der benannte Sicherheits-Ingenieur bleiben weiter bestehen. Ihre Aufgabe ist es, schärfstens zu überwachen, daß die Unfallverhütungsvorschriften strengstens eingehalten werden. Ihre Aufgabe ist es weiter, Verbesserungen, die dem Unfallschutz dienen, der Werksleitung in Vorschlag zu bringen. Mindestens einmal im Monat hat die Arbeitsschutzkommission gemeinsam mit dem Sicherheits-Ingenieur eine Betriebsbegehung vorzunehmen und die dem Unfallschutz dienenden Einrichtungen zu überprüfen. Auf Grund dieser Betriebsbegehung und der sonstigen im Laufe des Monats gemachten Erfahrungen ist die Arbeitsschutzkommission und der Sicherheits-Ingenieur verpflichtet, der Werksleitung und BGL einen monatlichen Bericht zu erstatten. Besonderes Augenmerk ist

a) auf die Trittfestmachung und Einebnung des Fußbodens,
b) auf den Bau von unfallsicheren Vorrichtungen zum Drehen und Wenden der Lok.-Kessel,
c) auf gute Anordnung der Brennstellen für die Beleuchtung des Betriebes

zu richten.

Werksleitung und Belegschaft verpflichten sich, alle Maßnahmen, die dem Unfallschutz dienen, mit allen Kräften zu unterstützen. Insbesondere verpflichtet sich die Belegschaft, die bestehenden gesetzlichen Unfallverhütungsvorschriften, das bezieht sich insbesondere auf die Anbringung und Benützung der Sicherheitsvorrichtungen, genauestens zu beachten.

V.

Die vertragsschließenden Teile erklären nochmals, daß sie sich die Einhaltung der in dem Vertrag festgelegten Bedingungen zur obersten Pflicht machen. Sie erklären weiter, daß dieser Vertrag auch im Falle der Umbesetzung der BGL, infolge der bevorstehenden Neuwahlen vollinhaltlich in Kraft bleibt.

Änderungen des Vertrages können sich nur dann ergeben, wenn neue gesetzliche Bestimmungen dies bedingen.

Freital, den 13. Januar 1950. Ke./Wei.

gez. Vogler, Werksleitung
gez. Richter, BG.-Leitung
gez. Erich Geßner, SED.-Betriebsgruppe

Erklärung zum Betriebsvertag vom 13. Januar 1950

Zu Punkt II D wird besonders darauf verwiesen, daß die z. Zt. bestehenden Vorschriften über die Bildung des Fonds zur Verbesserung des Lebens-

standards usw. die Mittel für diese Ausgaben äußerst beschneidet. Es war daher nicht möglich, die erforderlichen Aufwendungen des Betriebes für
den Zuschuß zur Verpflegung nach Befehl 234,
die Krankengeldzuschüsse,
die Weihnachtsjahresprämie
sowie evtl. Mittel für ein Betriebsfest
in den Vertrag einzubeziehen.

Werksleitung und BGL erklären ausdrücklich, daß sie diese Verpflichtungen als gesetzlich angeordnete Maßnahmen betrachten und sind der Meinung, daß für diese Aufgaben Mittel außerhalb des vorgesehenen Fonds zur Verfügung gestellt werden müssen.

Freital, den 13. Januar 1950.

Dokument 18

Abgegebene Meldungen im I. Quartal 1950

Januar

1. Industrieberichterstattung
2. Beanstandete Warenlieferung
3. Normenermittlung, Arbeitsbewertungsblätter
4. Schrottmeldung
5. Belegschaftsstand
6. Stand der Kredite
7. 15tägiger Geldbedarf
8. Stand der flüssigen Mittel
9. Außenstände spezifiziert
10. Arbeitskräfte, Produktivität und Lohnsumme IV/49
11. Freiw. soz. Aufwendungen
12. Interne Verrechnung
13. Materialbestandsaufnahme Ende Dez. 49
14. Soziale Einrichtungen
15. Berichtsbogen Belegschaft
16. Berichtsbogen Lohnverhältnisse
17. Berichtsbogen Verpflegung
18. Berichtsbogen Brand- und Betriebsschutz
19. Betriebsleitung.
20. Analyse der Arbeitskräfte
21. Bericht Unfallkomm. usw.
22. Meldg. f. d. Ausbildungswesen
23. Gießereierzeugnisse
24. Welche Mengen Mineralöl IV/49 realisiert

25. Produktionsbericht Nr. 11 und Auftragsbericht Nr. 15
26. Bedarf Gummikeilriemen I/1950
27. Umsatz- und Lohnsteuermeldung
28. Verbesserungsvorschläge d. verg. Monats
29. Monatsbericht über Verb.-Vorschläge
30. Bedarfsermittlung 1950
31. Instruktionsstd. f. Betriebs- und Feuerschutz
32. Umsatz- und Lohnsteuer (Voranmeldg. und Restzahlung)
33. Aktivisten-Kartei
34. Bedarf Flachswerggarn
35. Investitionsplan 1950
36. Eiseninventur, welche Menge der Bestände für das Jahr 1950 verwendet werden.
37. Reichsbahn-Reparatur-Programm
38. Meldung der Gehalts- und Lohnsummen
39. Verkehrszahlen des verg. Monats
40. Richtlinien über den Geschäftsgang für Investitionen bei den Investitionsträgern
41. TAN-Bericht
42. Statistik der Produktionskosten
43. Realisierungsmeldung
44. Kohlenbedarfsmeldung für übernächsten Monat
45. Kohlenbestands- und Verbrauchsmeldung
46. Schmieröl- und Fettmeldung
47. Kraftfahrzeugveränderungsmeldung
48. Instruktionsstd. für Betriebs- und Feuerschutz einschließlich besonderer Vorkommnisse
49. Bedarf an Treibstoffen für stationäre Anlagen und Mineralölen für d. II/50
50. Sauerstoffbrauch [sic!] oder Abholung von Pistewitz

Februar

51. Industrieberichterstattung
52. Beanstandete Warenlieferung
53. Schrottmeldung
54. Güterwagen Reparatur Reichsbahn
55. Belegschaftsstand
56. Stand der Kredite
57. 15tägiger Geldbedarf
58. Stand der flüssigen Mittel
59. Ausstände spezifiziert
60. Arbeitskräfte, Produktivität und Lohnsumme

61. Freiw. soz. Aufwendungen
62. Interne Verrechnung
63. Analyse der Arbeitskräfte
64. Bericht Unfallkomm. usw.
65. Teilnehmermeldung für Sonderlehrgang Schweißen
66. Meldung Tagung volkseigener Betriebe
67. Meldung für das Ausbildungswesen
68. Gießereierzeugnisse
69. Art und Stückzahl der vorh. Meßmittel
70. Instruktionsstd. für Betriebs- und Feuerschutz
71. Fehlende Freigaben
72. Umsatz- und Lohnsteuermeldung.
73. Übernahme Autowrack v. Übigau
74. Verbesserungsvorschläge
75. Monatsbericht über Verbesserungsvorschläge
76. Meldung der Gehalts- und Lohnsummen
77. Kohlenmeldung.
78. Verkehrszahlen des vergangenen Monats
79. TAN-Bericht
80. Abrechnungsbogen „B“, Investitionen außer Plan 49
81. Statistik der Produktionskosten
82. Reichsbahn-Güterwagen-Vertrag
83. Realisierungsmeldung
84. Kohlenbestandsmeldung für übernächsten Monat
85. Kohlenbestandsmeldung und Verbrauchsmeldung
86. Schmieröl- und Fettmeldung
87. Kraftfahrzeugveränderungsmeldung.
88. Ausschußquote des vergangenen Monats.
89. Berichtsbogen Belegschaftsstärke
90. Berichtsbogen Lohnverhältnisse
91. Berichtsbogen Verpflegung
92. Brand- und Betriebsschutz
93. Maschinenarbeitsplan
94. TAN-Bericht
95. Arbeitskleidung
96. Umsatzsteuer-Voranmeldung Januar
97. Produktionsauflage „Z“
98. Erstellung Betriebschronik
99. Aufstellung stationäre Motoren im Betrieb
100. Bedarf Meßgeräte für Zeitspannmessungen
101. Benötigte Dichtungen und Bedarf
102. Bedarf Elektroden II/50, spezifiziert
103. Instruktionsstd. für Betriebs- und Feuerschutz einschließlich besonderer Vorkommnisse

März

104. Industrieberichterstattung
105. Beanstandete Warenlieferung
106. Maschinenbedarf
107. Nicht benötigte Maschinen
108. Bedarf Generatoren b. 40 kW
109. Produktionsauflage „B“
110. Erfüllung Reparaturaufträge Reichbahn
111. Schrottmeldung
112. Realisierungsmeldung
113. Durchgeführte Reparaturen an Schienenfahrzeugen
114. Belegschaftsstand
115. Finanzmeldung.
116. Außenstände spezifiziert
117. Materialbereinigung
118. Abrechnung d. Invest-Planes 1950
119. Freiw. soz. Aufwendungen
120. Interne Verrechnung
121. Analyse der Arbeitskräfte
122. Bericht Unfallkomm. usw.
123. Welche Mengen Stahlformguß realisiert
124. Stand über Lieferung von Schmiedestücken
125. Abrechnung Treibstoffbedarf f. stationären Bedarf
126. Meldung für das Ausbildungswesen
127. Gießereierzeugnisse
128. Ausschußquote des vergangenen Monats
129. Techn. Realisierungsmeldung
130. Planung Wälzlagerproduktion.
131. Zusätzliche Generalreparaturen
132. Instruktionsstd. für Betriebs- und Feuerschutz
133. Soz. und kulturelle Einrichtungen, Berichtsbogen 8
134. Import-Kontingent, West- und Ost-Import
135. Verbesserungsvorschläge
136. Monatsbericht der Verbesserungsvorschläge
137. Umsetzung nicht benötigter Maschinen
138. Meldung der Gehalts- und Lohnsummen
139. Kohlenmeldung
140. Verkehrszahlen des vergangenen Monats
141. Treibstoff für Fuhrpark
142. IM 2 Meldung, Analyse der Arbeitskräfte J/Februar 1950
143. Schmieröl- und Fettmeldung
144. Kraftfahrzeugveränderungsmeldung
145. Berichtsbogen Belegschaft
146. Berichtsbogen Lohnverhältnisse

147. Berichtsbogen Verpflegung
148. Berichtsbogen Brand- und Betriebsschutz
149. Maschinen-Arbeitsplan
150. TAN-Bericht
151. Instruktionsstd. für Betriebs- und Feuerschutz einschließlich besonderer Vorkommnisse.
152. Sauerstoffverbrauch oder Abholung von Pisterwitz.

Dokument 19

Personalleiter an Johannes Vogler, Ko./Wei., 1. November 1949

Betr.: Ihre Treuhänderschaft bei der ehemaligen FSI

Laut Schreiben der VVB LOWA, Wildau vom 17.10.1949 und dem in der Anlage mit zugestellten Feststellungsbescheid der Landesregierung Sachsen, Ministerium des Inneren, Amt zum Schutze des Volkseigentums-Abt. I/H/Ro. vom 12.8.1949 – ist die ehemalige Freitaler Stahlindustrie ins Volkseigentum übergegangen.

Als Rechtsträger wurde die VVB LOWA, Wildau bestimmt, d.h. sämtl. Vermögenswerte der ehemaligen FSI einschl. Grund und Boden sind in das Eigentum der VVB LOWA, Wildau überführt worden.

Die Löschung der Fa. Freitaler Stahlindustrie G.m.b.H. im Handelsregister ist bereits erfolgt, damit hat sich Ihre Treuhänderschaft für die FSI ebenfalls erledigt.

Wir möchten bei dieser Gelegenheit nicht unterlassen, Ihnen im Namen der gesamten Belegschaft unseren Dank für alle Ihre Bemühungen, die Sie sich um die Erhaltung des Werkes gemacht haben, auszusprechen. Es ist in erster Linie, auch nach Ansicht der gesamten Belegschaft, Ihr Verdienst, wenn es einerseits gelang, die unersetzlichen Werte zu erhalten und nunmehr in das Volkseigentum zu überführen; andererseits wenn es Ihnen gelang, nicht nur die Arbeitsstätte für 300 Menschen ebenfalls zu erhalten, sondern zugleich die Grundlage zu schaffen, für den weiteren Aufbau und Ausbau unseres Werkes.

Sie dürfen versichert sein, daß alle Ihre Mitarbeiter Ihnen auch in Zukunft uneingeschränktes Vertrauen entgegenbringen und jederzeit bereit sein werden, ihre Arbeitskraft zum Wohle des von Ihnen geleiteten Werkes und damit zugleich zum Wohle der Allgemeinheit einzusetzen.

Das Schreiben der LOWA, Wildau vom 17.10.1949 händigen wir Ihnen zu Ihren persönlichen Akten im Original mitfolgend aus; desgleichen eine Abschrift des ergangenen Feststellungsbescheides.

BG.-Leitung: Personalleiter

Abkürzungsverzeichnis

BGL	Betriebsgewerkschaftsleitung
DZVI	(Deutsche) Zentralverwaltung Industrie
FDGB	Freier Deutscher Gewerkschaftsbund
FSI	Freitaler-Stahl-Industrie
G.-Wagen	Güterwagen
HO	Handelsorganisation
KV	Kilovolt
KVA	Kilovoltampere (= Kilowatt)
Lkr	Lokomotiv-Reparatur
LOWA	Lok- und Waggon-Reparaturen
Lrg.	Landesregierung
LVS	Landesverwaltung Sachsen
MWF	Mechanische Werkstätten Freital
Pg.	Parteigenosse
RAW	Reichsbahnausbesserungswerk
RB	Reichsbahn
RBD	Reichsbahndirektor, -direktion
RM	Reichsmark
SBZ	Sowjetische Besatzungszone
SED	Sozialistische Einheitspartei Deutschlands
SGW	Sächsische Gußstahl-Werke Döhlen Aktiengesellschaft
SMA/SMAD	Sowjetische Militär-Administration für Deutschland
TAN	Technisch begründete Arbeitsnorm(en)
VEB	Volkseigener Betrieb
VEB LOWA MWF	Volkseigener Betrieb Lokomotiven- und Waggonbau Mechanische Werkstätten Freital
VVB	Vereinigung Volkseigener Betriebe
VVB LOWA	Vereinigung Volkseigener Betriebe Lokomotiven- und Waggonbau
ZVI	Zentralverwaltung Industrie

www.ingramcontent.com/pod-product-compliance
Lightning Source LLC
LaVergne TN
LVHW042244300926
849161LV00003B/459

* 9 7 8 3 4 8 6 5 5 9 3 5 4 *